JN246096

福島原発事故
の謎を解く

小川進・桐島瞬

緑風出版

目次

福島原発事故の謎を解く

まえがき・9

第1章　解明されていない問題点　13

1　原発の電気は東京に送られているのか・14／2　水素爆発だったのか・19／3　黒煙は何だったのか・23／4　大気拡散モデルとSPEEDIの怪・24／5　知能低下と高齢者の死・30／6　貯水池の汚染・31／7　原爆の影響はないのか・36／8　新しい御用学者の登場・38

第2章　福島第一原子力発電所の二次汚染　43

1　放射能の長期汚染の計算・46／2　方法・46／3　結果・49／4　考察・54／5　結論・55

第3章　潜入取材で分かった実態　59

No.1　こちら双葉郡福島第一原発作業所第1回　二〇一二年八月六日　60
作業員はいくらでも替えがいる!?・62、作業員を無視した会長と社長・63、作業員の士気は低下・65

No.2　こちら双葉郡福島第一原発作業所第2回　二〇一二年八月十三日　68

No.3　こちら双葉郡福島第一原発作業所第3回　二〇一二年八月二十七日　72

No.4 こちら双葉郡福島第一原発作業所第4回 二〇一二年九月三日 76
No.5 こちら双葉郡福島第一原発作業所第5回 二〇一二年九月十日 80
No.6 こちら双葉郡福島第一原発作業所第6回 二〇一二年九月十七日 84
No.7 こちら双葉郡福島第一原発作業所第7回 二〇一二年九月二十四日 88
No.8 こちら双葉郡福島第一原発作業所第8回 二〇一二年十月一日 91
No.9 こちら双葉郡福島第一原発作業所第9回 二〇一三年十月八日 94
No.10 こちら双葉郡福島第一原発作業所第10回 二〇一二年十月十五日 98
No.11 こちら双葉郡福島第一原発作業所第11回 二〇一二年十月二十二日 101
No.12 こちら双葉郡福島第一原発作業所第12回 二〇一二年十月二十九日 104
No.13 こちら双葉郡福島第一原発作業所第13回 二〇一二年十一月五日 107
No.14 こちら双葉郡福島第一原発作業所第14回 二〇一二年十一月十二日 110
No.15 こちら双葉郡福島第一原発作業所第15回 二〇一二年十一月十九日 113

No.16　こちら双葉郡福島第一原発作業所第16回　二〇一二年十一月二十六日　116

No.17　こちら双葉郡福島第一原発作業所特別篇　二〇一二年十二月三日　119
「放射能は八日たてば消えます」・124／「お得意さんに意見はするべきじゃない」・125／事実確認に行ったら二時間もの恫喝！・127

No.18　こちら双葉郡福島第一原発作業所第18回　二〇一二年十二月十日　131

No.19　こちら双葉郡福島第一原発作業所第19回　二〇一二年十二月十七日　134

No.20　こちら双葉郡福島第一原発作業所第20回　二〇一二年十二月二十四日　137

No.21　こちら双葉郡福島第一原発作業所最終回　二〇一二年十二月三十一日　140

No.22　世界一ブラック職場イチエフ作業員残酷体験記2015　二〇一五年十一月九日　143
防護服、手袋、靴下などは使い捨て。一日で膨大なごみとなる！・146／五分で二〇ミリシーベルトも被曝し、日当二〇万円の仕事も・148／廃炉まで四〇年以上、数十万人の作業員が使い捨てにされる?・150

No.23　台風一五号が東日本に〝黒い雨〟を降らせていた　二〇一一年十月十七日　153
関東地方各地で線量が大幅に増加・153、台風に吹き込む暴風が汚染大気を運んだ・155、新宿や上野の線量は五倍以上に・158

No.24　嵐の前の静けさ　二〇一三年十二月九日　160
福島南部の海岸線は崖が一直線に削られていた・160、望遠写真でハッキリ見えた排気筒の赤錆損傷部分・161

No.25　原発作業所　165

あとがき・169

まえがき

前著「放射能汚染の拡散と隠蔽」の出版の動機は、福島第一原発事故の真実が被害者に伝えられていない現実があったからだ。反原発の運動は、一九七〇年代から四十五年以上の長い期間が経過している。主力の指導者たちもすでに高齢化している。二〇一一年三月十一日の福島第一原発事故時には、獅子奮迅の活躍を見せたが、推進側は、開沼博（かいぬまひろし）や高嶋哲夫（たかしまてつお）を投入し、論陣を張り、反原発側を押し込んでいった。

当時、タイのプーケットの大学で教員を務めていた筆者には歯がゆい思いがあった。福島の原子力が東京のためであるという「宣伝」が、一般にあったからだ。福島の原発が停止して、七年間、偽りの計画停電を除けば、首都圏は全く事故の影響を受けていない。なぜなら、初めから福島の原子力の電力は主に福島県と隣接県で使われていたからだ。こんな単純な事実さえも一般には認識されてなかった。むしろ、プロパガンダとして宣伝されていたのではないか。

やがて、連続する原発の爆発事故を、「水素爆発」と無批判に使い始めた。スリーマイル島での原発事故を「水素爆発」と報告した影響からであろう。まともにジルコニウムと水との化学反応を計算したのであろうか。残念ながら、当時、こうした化学反応を爆風圧まで定量的に計算した科学者・技術者はいなかったようだ。材料力学、熱力学、爆発工学、構造力学をすべて熟知し、自在に計算できなければ答えは出ない。当時はスリーマイル原発事故の資料収集が十分に行なわれていなかった。後日、水の高温分解が原因であるとの報告があり、一〇〇〇℃を超えると、急速に水の熱分解が起こり、大量の爆鳴気[注1]による爆発が起こったのである。これなら、福島第一でおきた爆発を見事に説明できる。

一方、週刊プレイボーイ誌では、こうした科学者・技術者とは全く異なる手法で、この深刻な事故をとらえ、告発していた。記者の一人、桐島瞬は、なんと福島第一原発の内部の労働者として、恐るべき現実を伝えていた。特に南相馬市の農業・水道水源であるダム湖岸で、三〇〇マイクロシーベルト／時を超える汚染の事実をつかんでいた。農業・水道水源汚染は復興の一番の妨げになるであろう。しかも永久に続く。

もしかすると、こうしたことは広島と長崎の原爆でも起こっていたのではないかと調べてみた。京大の熊取のグループは、反原発の運動を長らく行い、広島の原爆の研究も行っていた。しかし残念ながら、水源の汚染については報告されていなかった。長崎大学に赴任した筆者は、長崎大学の研究を調べてみると、なんと水源汚染の報告が複数されていた。長崎市の西山貯水池の水道水源は、原爆のプルトニウム汚染の中心に位置していたのである。当時の気象記録をもとに、広島の放射能汚染を再現してみると、広島市で使用する水道水源はほとんどすべてが汚染されていたことが分かった。広島県は現在でも原発に由来するがん発症率は非常に高い。

本書の価値はおそらく推進派と反対派、あるいは開沼らの新派とは全く異なる事実の報告にある。N

ＨＫの特集は、常に最新の人工知能やシミュレーションを駆使した映像で福島第一の事故を多方面からとらえ、わかりやすく報道している。これもまた一つの報道の方向であろう。メルトダウンシリーズは七回に達している。ＩＢＭのワトソン（人工知能）によるテレビ会議の報告は、人工知能による真実の把握でもあり、極めて興味深いものである。原子力のような複合技術の解読には今後必須の手法になるだろう。

本書は、福島第一原子力発電所の事故後に（株）集英社刊行・週刊プレイボーイ誌上で発表された二〇一二年八月六日から二〇一五年十一月九日の記事を編集したものである。同誌の二人の記者である有賀訓と桐島瞬の記事を小川が編集した。『放射能汚染の拡散と隠蔽』の出版に続く後編である。編集部の粘り強い勇気ある出版活動に敬意を表したい。

注１　水素と酸素が二対一の比率の混合ガスであり、大爆発を起こす。

第1章　解明されていない問題点

事故後、八年を経過して、なお解明されていない問題点がある。中でも、世の常識に真実を隠蔽されている八つの問題点を取り上げて、説明する。

1　原発の電気は東京に送られているのか

東電の主張では、原子力発電は電力全体のベースロードであるという。ベースロード電源とは、「一日の負荷曲線（図1）の中でベース部分を分担するもので、一定の電力供給を可能にし、優先して運転される電源のことで」（『電力事業事典』二〇〇八年）あり、原子力と石炭火力等をさしている。

ピーク電源は、一日の負荷曲線の中で、ピーク部分を分担する。容量が小さく、熱効率の低い火力発電のことである。利用率は極めて低い。

ミドル電源は、一日の負荷曲線の中で、中間部分を分担するもので、中容量の火力発電が使われる。利用率は低い。

ここで、重要な点がごまかされている。すなわち、電源の空間分布である。さらに最適な個々の電源の稼働率は、全体の燃料支出の最小化で決定される。

次に示すのは、東京電力の電力系統図である（図2）。五〇〇ｋＶの送電線には、二種類の送電系が認められる。一つは福島の新いわきから新古河に至る送電で、また柏崎刈羽から西群馬経由で新所沢、新多摩、新富士にいたる二本の直線路（関越・東北自動車道沿い）であり、もう一つは東京を中心にした環状線（圏央道沿い）である。

図１　１日の負荷曲線とその電源構成（日本原子力文化財団）

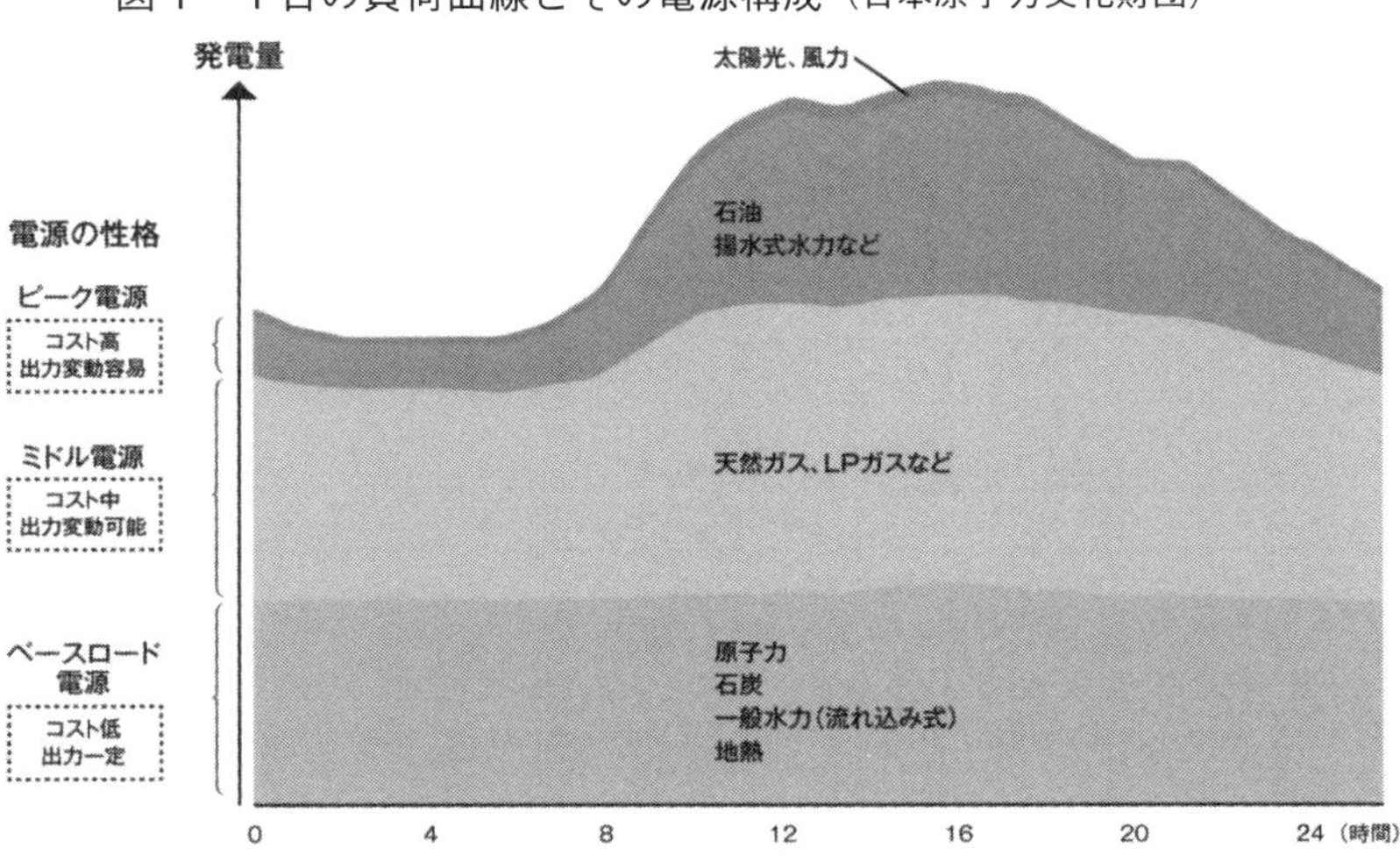

一見すると、柏崎刈羽原発と福島第1、第2原発から東京に送電されているようである。しかし、実際には送電過程の福島、栃木、茨城、新潟、群馬、山梨、長野の七県で消費されていた。それに対し、環状線の内部、東京、千葉、神奈川、埼玉の一都三県は、東京湾に配置されるLNG火力で電力は供給されていた。すなわち、原子力発電が電力を供給していたのは、福島、栃木、茨城、新潟、群馬、山梨、長野の七県であり、東京、千葉、神奈川、埼玉の一都三県はLNG火力が電力を供給していたのである。原子力は二〇〇km圏、LNGは一〇〇km圏に電力供給していた。

模式的に示せば、図3のようになる。

また、電力会社には「融通」という制度がある。電力会社間の電力をその過不足に応じて、時々刻々と交換する制度である。

すなわち、電力各社は長期の特定融通（特定の電源または特定地域の需要を対象とした電力融通）および需給調整融通（供給力の不足した会社に流す電力融通）を

図２　500kV、275kV 電力系統図（東京電力）

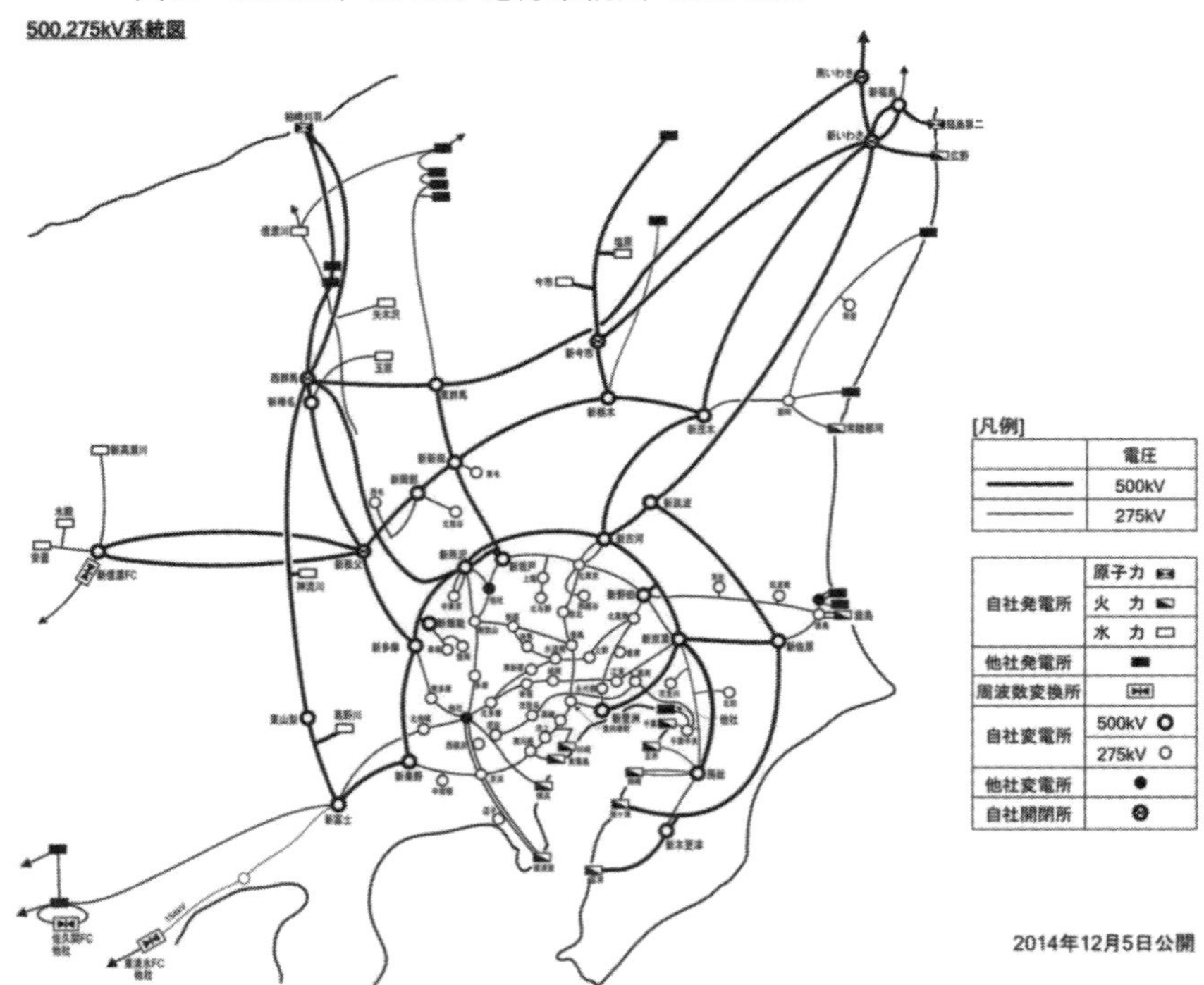

行い、需給の安定を確保するとともに、経済融通（設備の効率的な運用により経費の節減を図るための電力融通）である（電気事業講座編集委員会、二〇〇七年）。

　これにより、福島原発で発電された電力は福島県内で東北電力の電気として使用されていた。同様に、柏崎の原発で発電された電力は新潟県内で東北電力の電気として使用されていた。

　ところで、事故当時、関東圏で電力は不足していたのだろうか。また東北圏では電力は潤沢であったのだろうか。

　事故前年（二〇一〇年）の東北電力と東京電力の電力収支の推定を表1に示す。

図３　首都圏の火力と原子力の配電分布

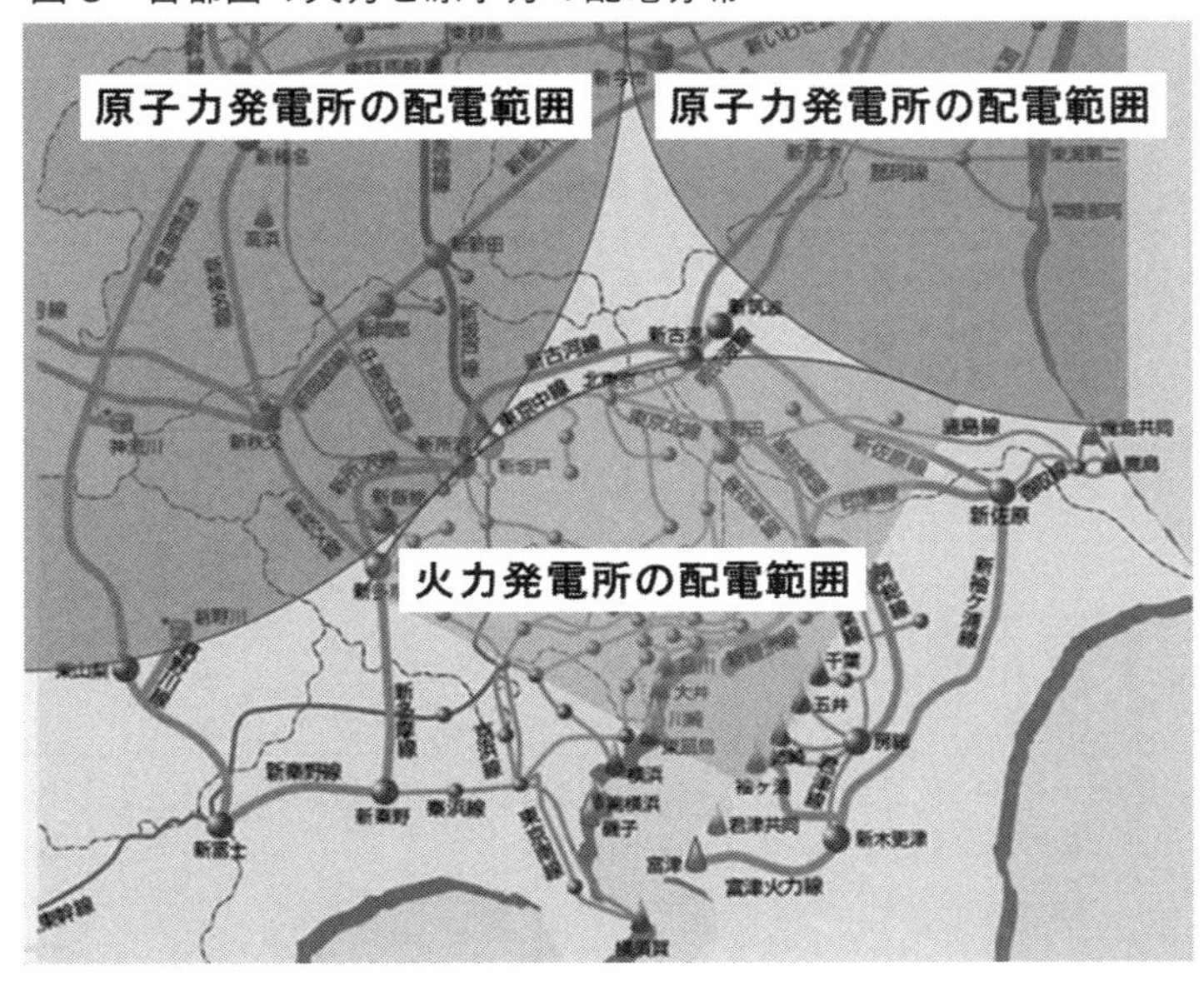

東北電力は約一三四万kWの不足があり、東京電力から電力の融通を受けていた。福島県内の東京電力の施設は表2のとおりである。

各電力施設で発電された電気は、すべて送電網に入り、東京電力から東北電力に融通される。このうち、調節される施設は火力発電所である。表3に現在の電力の収支を示す。

両電力会社ともに、原子力発電所を含まずに、十分、消費電力を余裕で供給していることがわかる。電力の使用率は、東北電力が五五％に対し、東京電力は六四％に過ぎない（二〇一六年）。原子力発電所は全く必要でなかったのである。計画停電も必要なかった。

東京湾にはＬＮＧを中心にした膨大な電力施設がある。千葉、東京、神奈川に関して、現在の電力の収支を表4に示す。ここには原子力は初めから必要なかったのである。

すなわち、十分余裕をもって、首都圏は火

表１　東北電力と東京電力の電力収支（2010）

電力会社	推定消費電力 kW	推定出力電力 kW	電力収支 kW
東北電力	10837887	9500960	-1336927
東京電力	36157332	39106317	2948985

表２　福島県内の東京電力の電力施設（2010）

電力施設	定格電力 kW	稼働率％	推定出力電力 kW
水力（2）	16.99 万	85	14 万
火力（3）	725 万	42	305 万
原子力（2）	642.8 万	60	386 万

表３　東北電力と東京電力の電力収支（2016）

電力会社	推定消費電力 kW	推定出力電力 kW	使用率％
東北電力	766 万	1402 万	55
東京電力	3626 万	5699 万	64

表４　千葉、東京、神奈川の電力の収支（2016）

行政区	推定消費電力 kW	推定出力電力 kW	使用率％
千葉県	527 万	1851 万	29
東京都	956 万	219 万	437
神奈川県	736 万	1217 万	61
合計	2219 万	3287 万	68

力発電所で消費電力に対応しており、この状況は事故以前も変わらない。ＬＮＧ火力は地方の原子力発電所の建設と同時並行して進められていたのである。都市域の激しい変動電力には、ＬＮＧ火力でしか対応はできない。原子力発電所は、むしろ、電力変動の小さい地方にとっての電力施設であり、その性格は現在も変わらない。

首都圏にとって、原子力発電所は無意味な過剰電力でしかない。原子力の過剰電力は夜間には揚水発電に使われる。揚水発電所は福島県にある第二沼沢発電所、栃木県の塩原発電所、今市発電所、群馬県の矢木沢発電所、玉原発電所、神流川発電所、山梨県の葛野川発電所、長野県の安曇発電所、水殿発電所、新高瀬川発電所があり原発と連動している。この揚水発電所の電力はピーク電源に位置づけられ、昼間の需要のピーク時に使用される。

2　水素爆発だったのか

非常に興味深いのは、菅直人氏の事故当時の回想である（菅直人、二〇一二年）。

「水素爆発の危険はないのか」と訊くと、

「水素が漏れ出ても、格納容器の中には窒素が充満しており、酸素はないんです。だから、爆発はあり得ません」と班目（春樹）委員長が断言したことだ。（中略）

しかし、これは大きな間違いだった。

なぜ、このような誤った認識を東大教授ともあろうもの（事故当時の原子力安全委員会委員長で〇五年まで東大教授）が抱いていたのか。以前の重大事故が影響を及ぼしていたのではないか。一九八三年三月二日のスリーマイル島（ＴＭＩ）の原発事故にさかのぼる。この事故については、高木仁三郎氏と柳田邦男氏による著書で詳細が語られている（以下敬称略）。興味深いのは事故の「水素爆発」の対照的な記述である。高木は炉心の燃料棒のジルコニウム被覆が、次の化学反応で大量に融け落ちたと推定した（高木、一九八〇年）。

$$Zr+2H_2O=ZrO_2+2H_2$$

「水素発生量からすると、最大四〇％以上の燃料棒被覆管が酸化し、その多くが原子炉の底に崩れ落ち、

ペレットも部分的に崩壊した。やはり、この事故は溶融事故と呼ぶべきだろう。（中略）
このような多量の燃料破損→水素発生は、ＴＭＩを含めてどの原発の安全審査時の事故解析においても想定されておらず、コンピューターによる解析の致命的欠陥をさらけ出す結果となった（ＴＭＩの安全解析では、ジルコニウムの酸化は一％までとなっている）」。

高木はこの化学反応こそ、事故の本質と考えた。

それに対し、柳田は、「虚構の水素爆発」と題して、ＡＰ通信社のニュースを引用する（柳田、一九八三年）。

「政府当局者が土曜日の夜、語ったところによると、スリーマイル島の事故を起こした原子炉内部の気泡状ガスは、爆発の可能性を高めつつある兆候を示しており、その結果、ガスを除去する危険な作業を実施すべきかどうかの決断をためらわせている…」

この「水素ガスの爆発」「炉心溶融」の記事は衝撃を与えた。しかし、

「このＡＰ電は、スリーマイル島事故に関する最大の誤報だった」（中略）

「水素は、燃料棒被覆管のジルコニウム合金が高熱の水蒸気と化学反応を起こしたことによって、大量に発生している。一部は原子炉格納建屋内に漏れて、一日目の午後に爆発した。建屋内には空気つまり酸素があるから爆発したのだ。

問題は、スリーマイル島2号炉の原子炉内に酸素が存在していたのかということである。結論は、ノーであった」（中略）

「事故によって酸素の発生が心配されたのは、水が放射線によって水素と酸素に分解され、その酸素が

表5　各原子炉のジルコニウムの量（ton）と生成水素量（mol）

1号機	2号機	3号機
8.01	16.11	14.11
1.8×10^5	3.5×10^5	3.1×10^5

表6　水素燃焼時の最大気圧（atm）

1号機	2号機	3号機
9.45	13.8	12.3

だんだん溜まっているに違いないと推測されたためだ。だが、発生した酸素分子のほとんどは、すでに存在している大量の水素分子と化合して、水に戻ってしまう」したがって、水素爆発は起こらないと結論された。「虚構の水素爆発」だったのである。

福島第一原子力発電所は、四回の爆発があった。これらは、水素爆発であったとされる。いずれの書籍も、燃料棒のジルコニウムが水と反応して、酸化ジルコニウムと水素になったとされる。各燃料棒の数からジルコニウム量を推定し、前式から水素量を計算したのが、表5である。

次に水素の燃焼熱から、建屋の5階部分に水素が滞留したとすれば、完全燃焼による最大気圧が計算でき、表6となる。2号機は大破に至らなかったが、3号機の方が1号機よりも激しく爆発したのが説明できる。

しかしながら、このような化学反応が理想的に連続して起こった場合にのみ建屋の破壊は起こりうる。化学反応の効率を考慮すれば、実際には〇・二〜〇・四気圧がせいぜいで、建屋の爆発がジルコニウムの化学反応だけによる水素爆発であったとは考えにくい。ジルコニウムはデブリの状態からみて、一部が反応したと推定される。したがって、別の化学反応が起こった可能性がある。依然として、水素爆発には疑問が残る。未知の化学反応が間違いなく発生していた。

多くの科学者がジルコニウムと水の反応により、水素が発生したと断定するのは、スリーマイル島の原発事故が、同じくこの反応で起こったとされているためである（高木、一九八〇年）。果たして、スリーマイル事故ではジルコニウムと水の反応が起こったのであろうか？　ところで、この事故について、以下の発表があった。「一九七九年三月二八日に、アメリカのペンシルバニア州のサスケハナ川の中州にあるスリーマイルアイランドの原子力発電所で、主給水ポンプが停止し、原子炉内の圧力が上がって一次冷却水が大量に流出し、運転のミスも重なって、燃料が一部溶けるという大事故が発生したことは、まだ記憶に新しいことです。この事故で密封された炉内へ水蒸気が大量に入り、この水蒸気が直接熱分解して、水素と酸素となり、これらの気体が温度の低いところへ拡散して、そこで再結合して爆発反応を起こした」という学者の分析が発表された（太田、一九八七年）。つまり、スリーマイル島では水の熱分解から「爆鳴気」爆発事故が起こったというのである。

原子炉内の主要部材の材質は、ステンレス鋼（融点一四二〇℃）、ジルカロイ（一七六〇℃）、炭化ホウ素（二七六三℃）である。したがって、一四二〇〜二七六三℃の範囲で加熱され、表面で水の熱分解が発生した可能性がある。原子炉内の最大圧力は、1号炉七六・四気圧（三月十一日）、2号炉七八・九気圧（三月十四日）、3号炉七三・二気圧（三月十二日）、とそれぞれ記録推定されている（東京電力、二〇一二年）、これらの圧力下での二五二七℃における水の熱分解の水素モル分率は〇・一であり、酸素は〇・〇五である（太田、一九八七年）、原子炉の体積を五六五㎥とすると、水素量は標準状態で、1号炉四三一七㎥、2号炉四四五八㎥、3号炉四一三六㎥となる。モルに換算して、それぞれ、一・九、二・〇、二・〇×一〇の五乗モルとなる。酸素はこの半分である。この平衡状態が数日継続し、格納庫内および建屋内に水素と酸素が同時に漏えいしていたわけである。この条件であれば、爆発時には二〇気圧を超えて、鉄筋コンクリート構造物でも大破することができる。

すなわち、水・ジルコニウム反応に加えて、水の高温分解が継続して、大量の水素と酸素が発生し、建屋内で滞留、爆鳴気爆発したのである。水の高温分解ではジルコニウムは消耗せずに、表面で化学反応を継続させることができる。この爆鳴気爆発こそ、原発の知られざる危険性である

3　黒煙は何だったのか

今回の原発事故に呼応して、多くの科学者や技術者たちも活発な発言を繰り返してきたが、十分な事故の説明にはなっていなかったのが現実だ。その一例が、「水素爆発」だった。ジルコニウムと水の化学反応に加えて。ジルコニウム表面での水の高温分解が継続して、水素と酸素の発生を繰り返していたわけである。これで、鉄筋コンクリート建屋を爆破するだけの十分な水素と酸素が生成されたのである。

それでは、3号機の爆発の際には黒煙が上がったが、これについても満足な説明がなかった。黒煙の理由として、核反応、有機物の燃焼などの説明は、ほかの原子炉では起こらなかった理由にはならない。何か別な化学反応が起こっていたに違いない。原子炉内は、材料の融点に相当する一四二〇〜二七六三度Cの範囲で加熱され、発生する物理・化学反応でなければならない。原子炉内の主要部材の材質が、ステンレス鋼、ジルカロイ、炭化ホウ素（ダイヤモンドに次ぐ硬さを持ち、中性子を吸収）であることから、材料の色は、それぞれ銀白色、銀白色、黒色であり、炭化ホウ素が関与した可能性が高い。

すなわち、制御材である炭化ホウ素も融点が二一八〇度Cであることから、ステンレス鋼とジルカロイの融解と同時に、蒸発・分解が起こっていたと考えられる。炉内の蒸発・分解した炭化ホウ素は、原子

図４　制御棒の構造（岡芳明、2010 年）

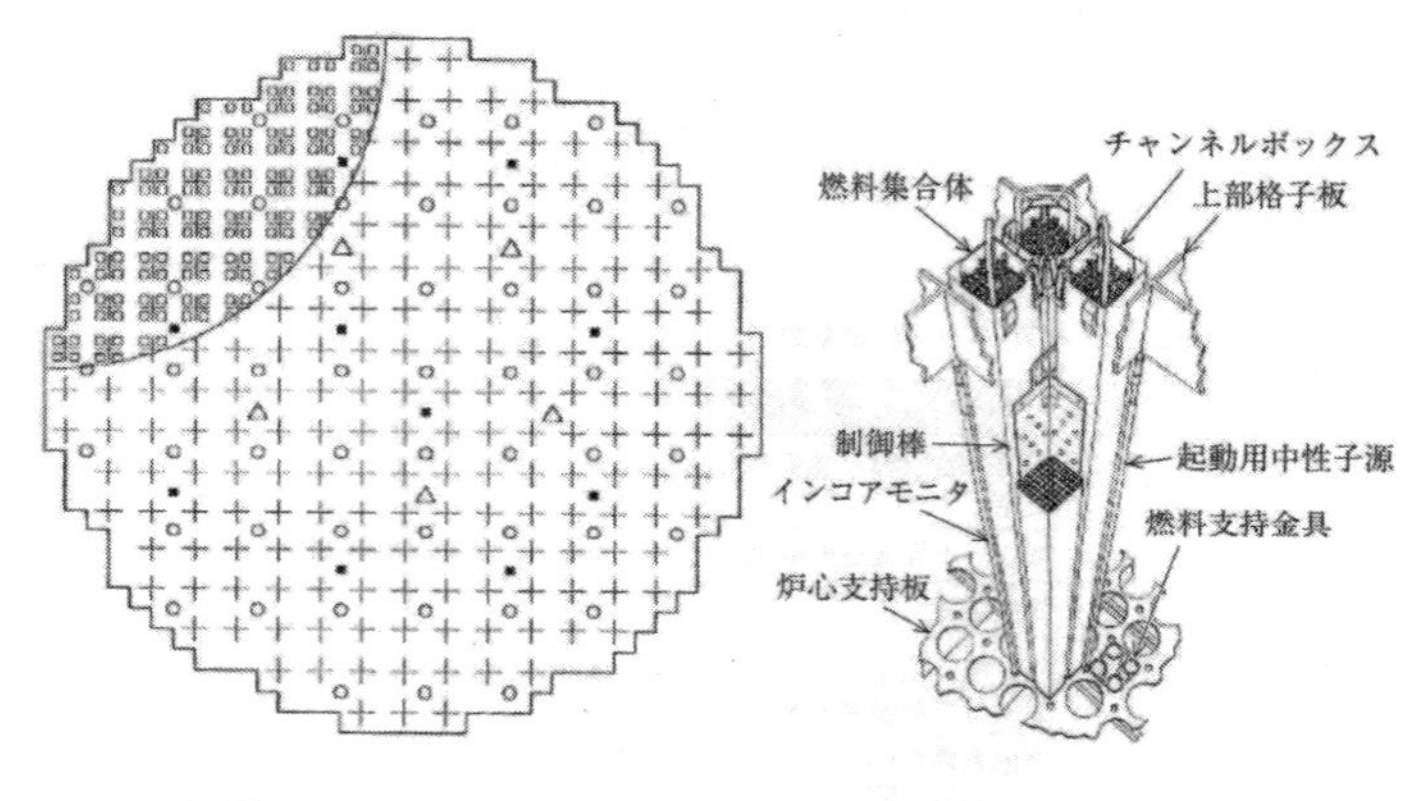

炉から水素、酸素とともに噴出していたはずである。気体として炉外に噴出し、温度の低下とともに黒色の微粉末となり、水素爆発とともに黒色粉末が大気中に吹き上げられたのである。ほかの原子炉では温度が相対的に低く、炭化ホウ素の蒸発・分解が認められなかったのである。

３号炉で観察された黒煙は、有機物の燃焼でもプルトニウムの核反応でもなく、制御棒を形成する炭化ホウ素が高温で蒸発・分解し、漏出により温度の低下で黒色の放射性微粉末となり、「水素爆発」とともに、建屋の外部に吹き上げたのである。

４　大気拡散モデルとＳＰＥＥＤＩの怪

原子力発電所の汚染で使用されている大気拡散モデルは、一九六〇年代に開発された古典的な計算法であり、その使用には種々の問題がある(Pasquill,1962)。拡散方程式の解は、正規分布が基本であり、風速が〇で正規分布となるが、風速と時間

図５　文部科学省及び米国 DOE による航空機モニタリングの結果（福島第一原子力発電所から 80㎞圏内のセシウム 137、137 の地表面への蓄積量の合計）

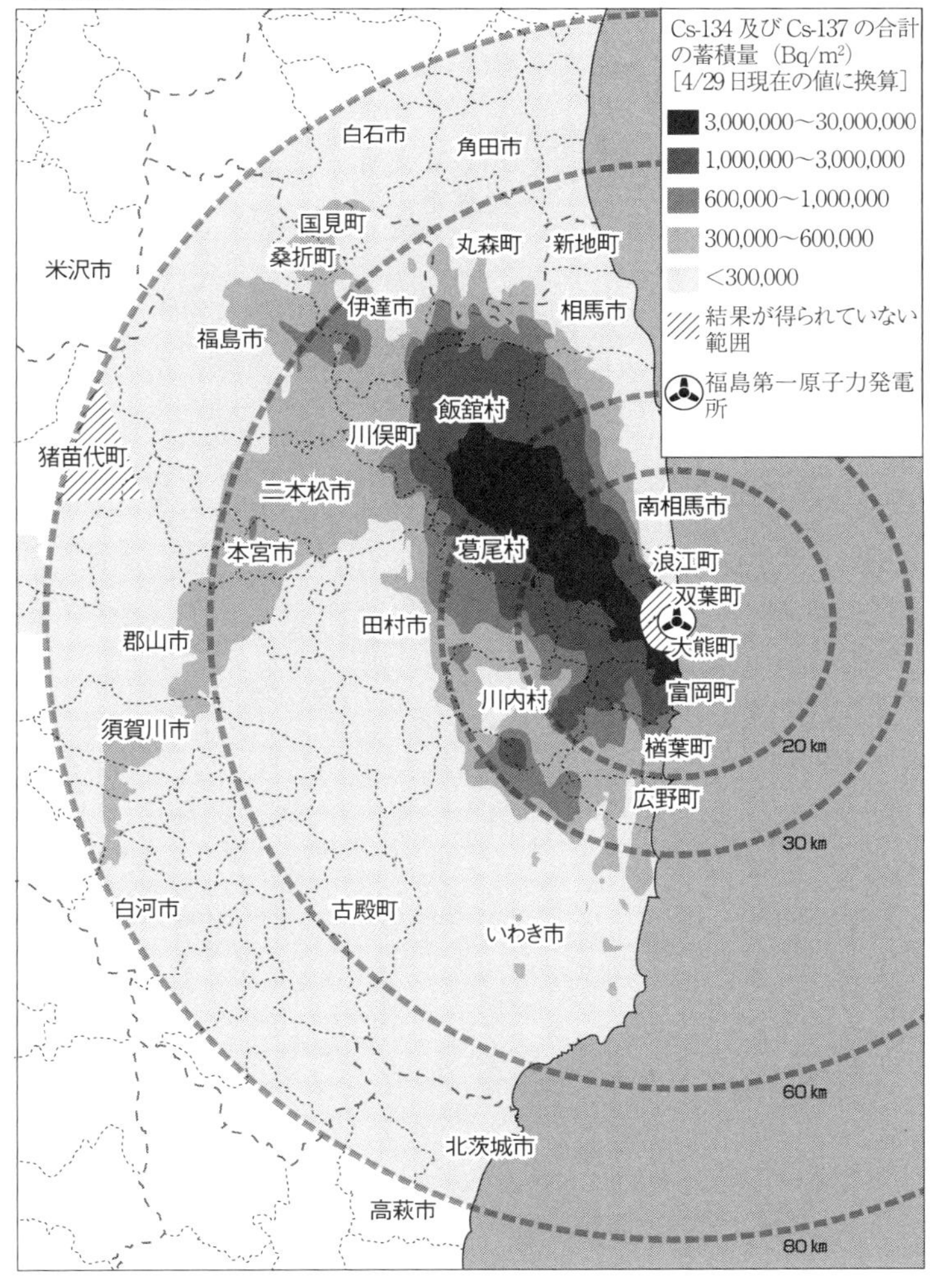

出典：文部科学省のホームページ

図６　チェルノブイリと福島の汚染分布

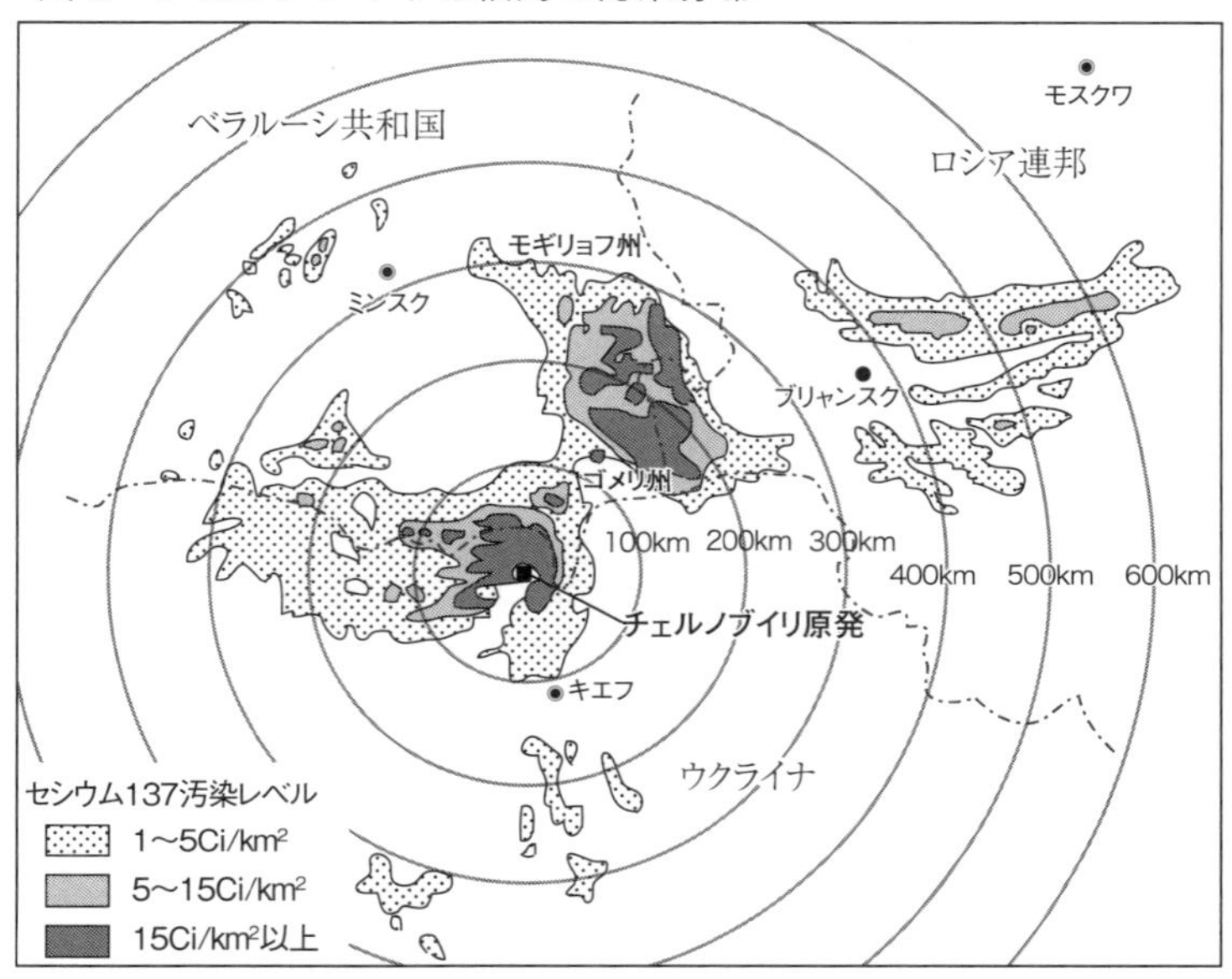

注）放射能汚染食品測定室発行「チェルノブイリ原発事故による放射能汚染地図」（1990）より作成。
出所）今中哲二編『チェルノブイリ事故による放射能災害——国際共同研究報告書』（技術と人間、1998年）352頁。

が分散項に含まれるため、時間とともに、風下に汚染の中心が移動する「移流拡散」を示す。したがって、汚染分布は風下に対数正規分布ないしは指数分布を形成する。実際の放射能汚染（図5および図6参照）は、チェルノブイリのときも福島でも降水があり、雨雲の形態も反映される。福島のように山岳部に汚染が進行した場合は、地形の影響を強く受ける。汚染の先端は、フィンガリングと呼ばれる指状の汚染やホットスポットと呼ばれる点状の汚染が観察される。大気拡散モデルでは、こうした形状は表現されない。

　早川由起夫（二〇一一年）は、火山の降下火砕堆積物のシミュレーションで使われるモデルが、原発の放

図７　３月15日20時過ぎの２号機建屋放出時に放出されたプルームの軌跡（東京電力）計算された汚染は南東に向かっているが、実際の汚染は北西に向かった。

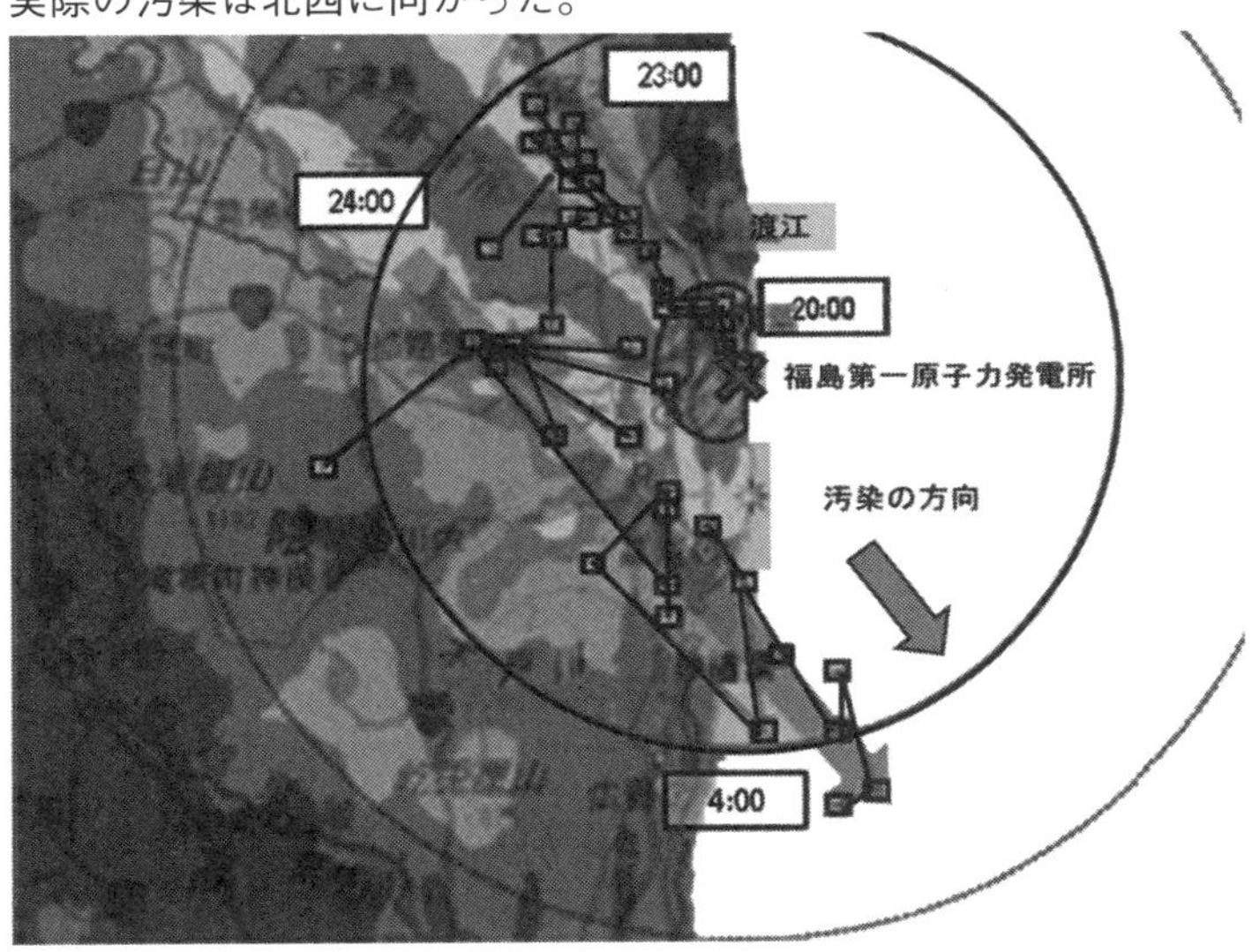

射能汚染にも適用できると述べている。粒子モデルと呼ばれる単純な計算法で、むしろ大気拡散モデルよりも現実の汚染を再現できると期待されるわけである。それには、水文気象の知識とビッグデータの導入が必要となる。

　東京電力の大気拡散モデルで計算した結果が公開されているが、三月十五日の計算で失敗している（図7参照）。風速、風向の変化、降水の出現は、大気拡散モデルの不得意な計算なのである。ＳＰＥＥＤＩの計算結果は、事故時に知らされず、住民の反発を買った。しかし、三月十二日～三十一日の粒子モデルの計算結果（図8参照。四日分を抽出）を見る限り、広範囲の汚染が確認され、八〇km圏外に逃げるしかなかったことがわかる。気象の流体力学では、風速が弱いときに「乱流」、風速が三ｍ／ｓを超え

図８　粒子モデルによる計算結果

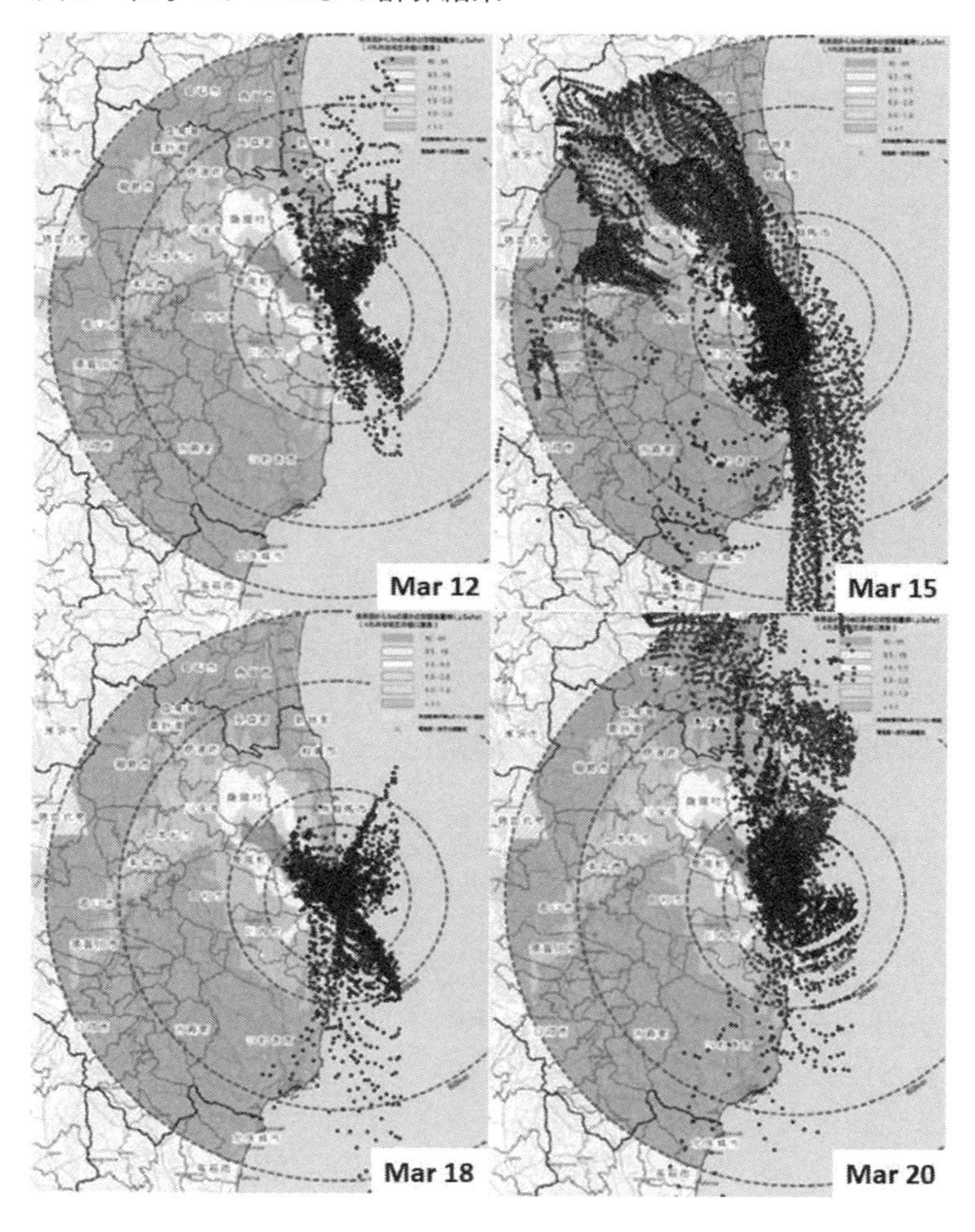

ると「層流」が出現し、高度一〇〇〇ｍを超えると、偏西風の影響を受け、太平洋に放射性物質は落下することがわかる。層流条件の場合、八〇㎞圏内は極めて危険な状態になる。

問題は、このシステムが機能せず、住民の退避に活用できなかったという批判がいまだに根強い。しかし、気象学を多少とも心得ていれば、この批判も根拠を失う。なぜなら、当時、気象庁では「花粉予報」と「ＰＭ２・５予報」が気象協会経由で発表されていたからだ。花粉は三〇ミクロンの粒子であり、ＰＭ２・５は二・五ミクロンの粒子である。花粉は局地気象の影響を受け、ＰＭ２・５は主として偏西風の影響を受ける。高度が一〇〇〇ｍを境に、その下では局地風、その上では偏西風が卓越する。これらの粒子をそのまま放射性同位体、放射能と考えれば、数ミクロンの目に見えない放射能は、ＰＭ２・５に相当し、数一〇ミクロンの目に見える危険な放射能は花粉に相当する。しかも予報であるから、現在、終日、週間の汚染状況が容易に分かったのである。退避には、今後も花粉情報は有効である。線量は直径の3乗に比例するので、それぞれ、マイクロキューリーとミリキューリーの放射能に対比させれば、これらの予報は十分役立てられた。

日本列島は、低気圧が西から東に移動し、天候は、晴れ、曇り、雨と変化する。風向は低気圧に伴い、三六〇度変化する。よって、安全な退避の方角というのは存在しない。空間線量は、原発からの距離に依存し、一〇〇㎞で約一〇〇〇分の一に減少していた。とりあえずは、一〇〇㎞遠方まで逃げ、さらに二〇〇㎞、三〇〇㎞と遠ざかれば、十分安全は確保できた。深刻なのは水源の汚染であり、当時、水源で放射能除去を試みていたのは東京都水道局だけであり、ほかの浄水場は汚染水を供給していた。現在もこの状況は変わらない。特に雨が降ると、放射性同位体は河川や水源に流れ込み、早ければ六時間後には水道水として蛇口に到達する。遅くとも翌日、水道水中に含まれ、その後三週間は水道管網に滞留する。つまり事故後、三週間は水道水は飲めない。

行政の隠蔽体質は今後も変わらない以上、こうした「常識」を身に着ける必要がある。天気予報に加え、花粉予報、ＰＭ２・５予報に注意し、降雨、花粉およびＰＭ２・５を避ければ、非常時の放射能には対処できる。ただちに原発から三〇〇㎞以上逃げることが生き残る唯一の道である。

５　知能低下と高齢者の死

原子力の障害は多岐にわたる。ここで重要な点は、低レベル放射能の脅威である。特に知能の低下である。ネバダの核実験では有意な知能の低下が現れたことをスターングラスは発見した。さらに、水爆ブラボーの実験によりロンゲラップ島の子供全員の甲状腺疾患とともに肉体・精神の発達障害が指摘された。ネバダに近いユタでは、甲状腺と脳の腫瘍の発生とともに成績不良と精神障害の増加が立証された。ヨウ素１３１こそがこうした甲状腺機能の障害と精神障害の原因と考えられている。原子力発電所もまたヨウ素１３１を生成し、同様の障害をもたらす。

低線量の放射線は、種々の感染症、肺気腫、心臓病、甲状腺疾患、糖尿病に加え、発達中の胎児に対して深刻なダメージを与える脳の障害と精神障害を引き起こす。ペトカウ効果は、低線量被曝の危険性を説明する。

また、チェルノブイリでは、乳幼児、感染症疾患の若年成人、高齢者の死亡が著しく増加した。免疫系の脆弱なものに被害が集中した。さらに、現在もこの傾向が継続していることに、注意しなければならない。

すなわち、原子力発電所は、その周囲に暮らす人々に知能の低下と高齢者の死を断続的にもたらす。しばしば、高齢者は被曝しても問題なく、むしろ移動によるストレスで亡くなることが強調されるという、全く反対の意見に出くわすであろう。東電撤退の情報に、菅直人は「六〇歳以上が現場に行けばいい」と発言した。これでは、六〇歳以上の高齢者は放射能に対して、「問題ない」ということになる。チェルノブイリ以外にも高齢者の死亡例がある。

一九五四年三月一日のビキニ環礁での水爆実験による第5福竜丸の被曝である。二三名の船員は一・七～六・九グレイ（シーベルト）の被曝をして、「急性放射線症」を示した。そのうち、最年長（四〇歳）の久保山愛吉氏が半年後の九月二三日に死亡した。最も若い船員（一八歳）の大石又七氏はいまだに健在である。

福島第一原発事故でも、事故後六人の死者が出たが、最初に亡くなった従業員は六〇代で、ついで吉田昌郎所長も五八歳で亡くなった。

いずれも放射能との因果関係は否定されるが、現実には年齢順に亡くなっているのであり、チェルノブイリの事例とも整合し、高齢者が放射能に対し脆弱であることを裏付けるであろう。放射線による死者の総数は二ケタ違うのではないか。

6　貯水池の汚染

原爆の記録で見落とされている事実がある。それは貯水池の放射能汚染である。

図９　長崎原爆の西山 - 水源地の汚染（1945 年 10 月 3 日～ 7 日、単位：mR/h）矢印は風向き、福岡に延びる。丸は西山水源地。

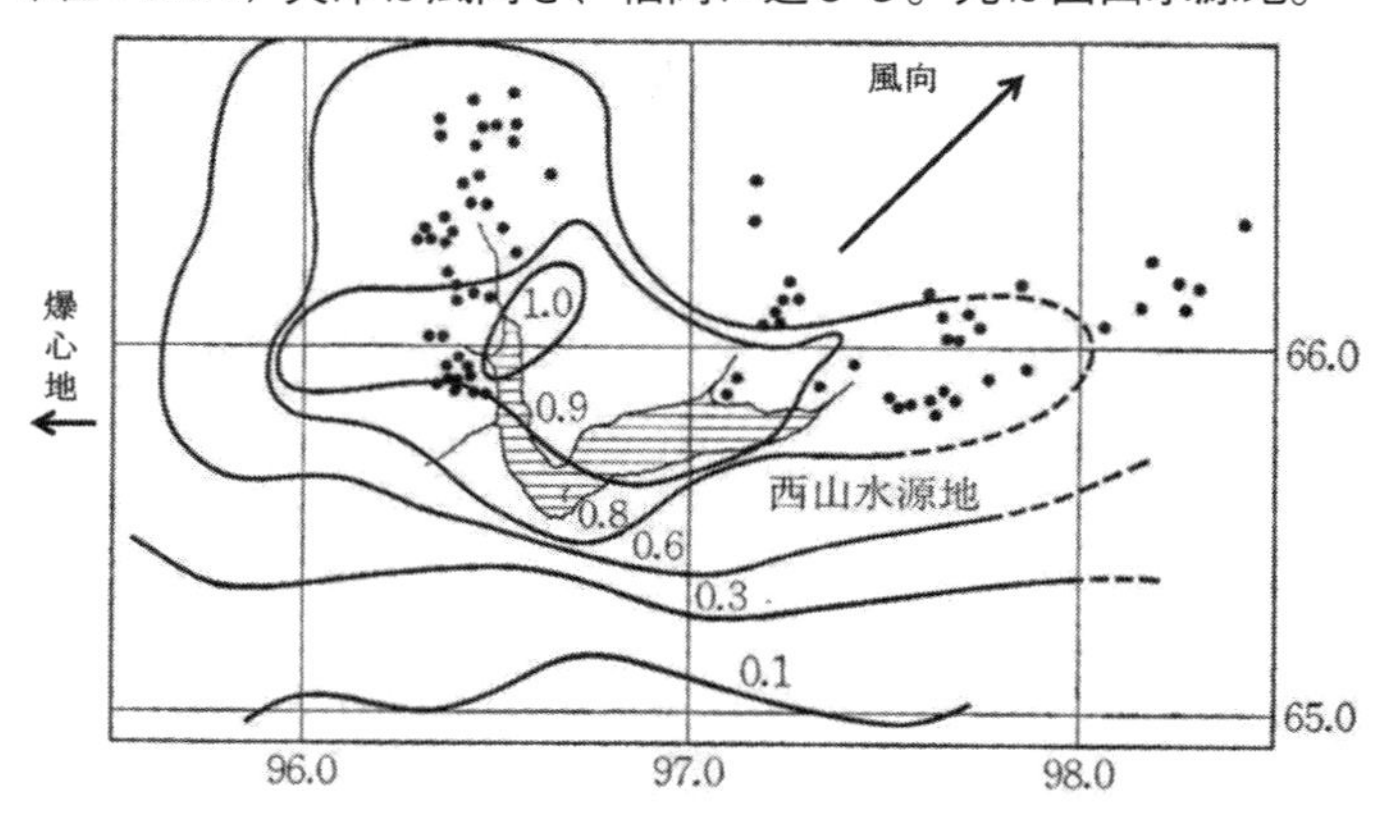

長崎市西山地区における残留放射能の測定（1945 年 10 月 3～7 日）．数値はガンマ線線量率（mR/h）．•印は 1969 年の測定位置

まず、長崎の場合、八月九日午前一一：二〇に高度五〇〇mで爆発、放射性同位体は南西風、風速三・〇～三・七m／s（層流）で落下していった。最終的には爆心の東方二・六㎞の西山水源地に集中した。この時の放射性同位体は、比重二・六五では〇・〇六㎜径の固体結晶に相当し、平均二〇分の飛行ののち地表に落下した。西山水源地の北方五〇〇～一〇〇〇m付近の標高一五〇～二五〇mの地点となる。南西風の層流により、実際には福岡まで強く汚染されたことが推定される（図９参照）。

一九四五年十月三～七日の日米合同調査団により地上一mでのガンマ線が観測された（広島市・長崎市原爆災害誌編集委員会、一九七九年）。西山の水源地で最大一mR／h（一〇マイクロシーベルト／時）を記録した。この水源地が長崎で最大となったのは、雨により水源の北方に広く分布した放射性同位体が水源地に集中したためである。この貯水池は現在まで飲用水として使用されている。湖底の土壌は依然としてプルトニウムとセシウムで汚染されている。

それなら、広島はどうであったのか。当時、雨雲が広島の北西部にかかっていた。雨雲の下には太田川（流域面積一七一〇km²）が流れており、その下流部で取水されていた。当時の貯水池は宇賀ダム（流域面積四八九・五km²）と王泊ダム（流域面積二二〇・七km²）であった。汚染域は三四〇km²と推定されるので、流域の約二〇％に相当する。汚染された水源は、現在まで飲用水として使われている。

　八月六日午前八時一五分、高度六〇〇m（五八〇±一五m）で爆発した。このとき西風一・二

図10　広島原爆の黒い雨の汚染。矢印は風向き、黒い雨は北星に延びて湿性沈着。地表風は北東に吹いて、乾性沈着をもたらした。流域の20%が放射能汚染された太田川は依然、広島の主要水源である。西田浄水場は被曝した歴史を持つが現在まで断水がない。

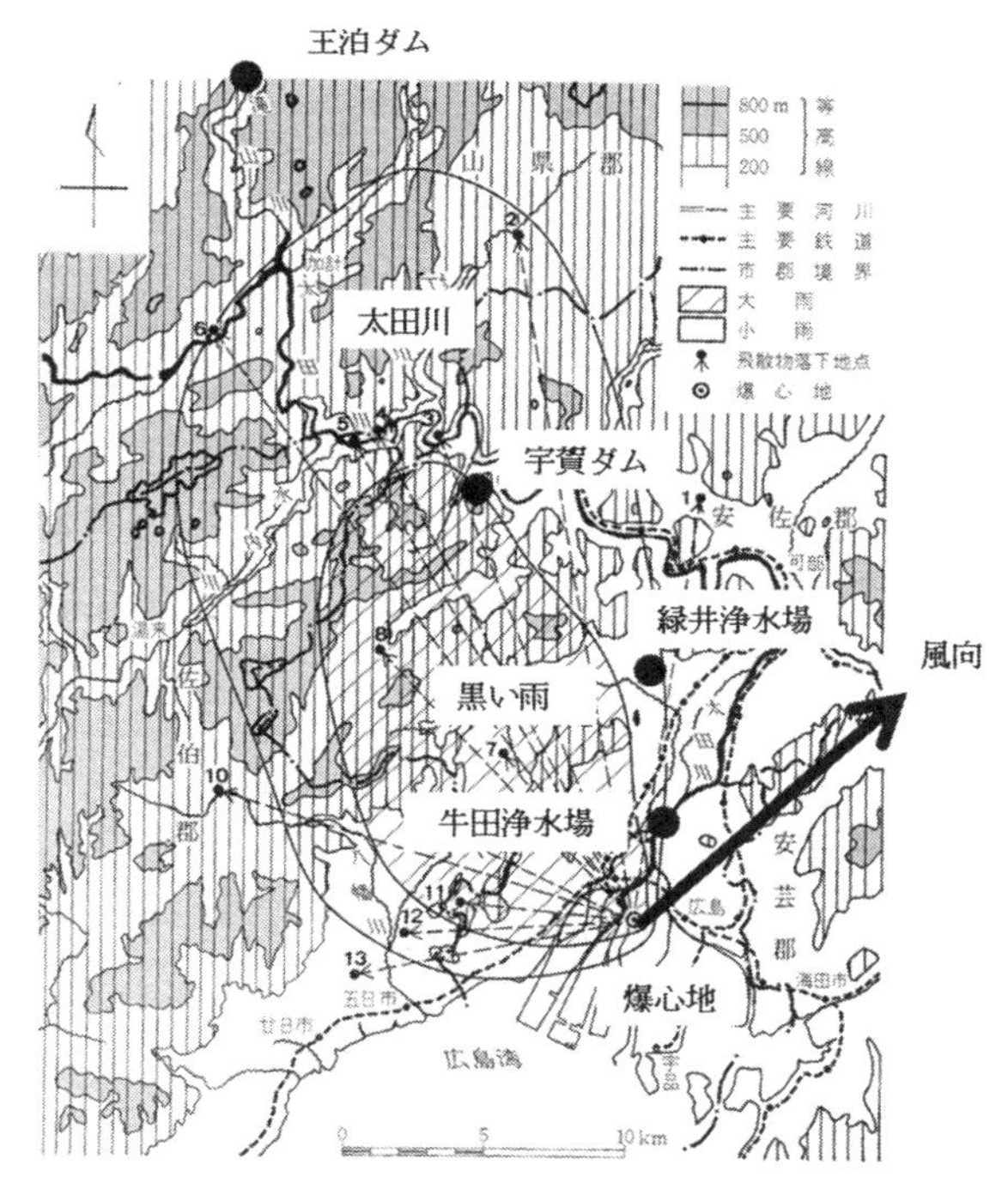

横川ダム、長崎原爆で最も汚染された西山水源地に匹敵する汚染が認められた。

m／s、一〇：〇〇の時点で南西風一・七m／s、以降西南西～南西風で風速二・五m／sを超えていく。したがって、強い汚染は一〇㎞圏内、北東方向に二〇〇㎞の延長となる。しかし、当時の科学者の解釈は、爆発後、午前九：〇〇～午後四：〇〇に驟雨（一〇㎜程度）をもたらした、いわゆる「黒い雨」である（図10参照）。汚染には乾性沈着と湿性沈着がある。

一般には降水による湿性沈着は、乾性沈着の数倍の汚染となる。広島ではこの湿性沈着が主要な汚染とされた。気象データを見る限り、地表から一〇〇〇mまでは、西風が卓越し、高度一〇〇〇～一五〇〇mで、南東風が卓越し、黒い雨となり、高度一五〇〇m以上では偏西風により西風が卓越していたと解釈すべきである。放射能は低空から高空まで分散していた。このうちの大火災により発生した雨雲に彼らは注目したのである。

すなわち、当時の推定では湿性沈着にのみ注目し、北西部の太田川流域の汚染だけに限定してしまった。低空（高度一〇〇〇m未満）と高空（高度一五〇〇m以上）の西風による北東方向に延長二〇〇kmに及ぶ乾性沈着を無視してしまった。現実には無視できない強い汚染があったはずだ。

広島と長崎の原爆で完全に無視されていたのは、水源地の放射能汚染であり、今日まで問題にされてこなかったことは、極めて重大な問題と言える。広島も長崎市民も七三年間放射能汚染した水道水を飲み続けていたのだ。住民に内部被曝を与えていたのは間違いない。

それでは、福島ではどうであったのか。

現在、放射能汚染している水道水源として使われているダム湖は、真野川の真野ダムである。給水対象は相馬市、南相馬市、新地町である。水源周辺の空間線量は、二〇一一年の航空モニタリングでは、三・八～九・五マイクロシーベルト／時に分類されている。これは長崎の原爆で最も汚染された西山貯水池と同程度（一〇マイクロシーベルト／時）である。

福島で主として農業用水として使用されているダム湖に、太田川の鉄山ダムと横川ダムがある（右頁写真参照）。二〇一三年五月にダム護岸近傍で、三〇〇マイクロシーベルト／時を観測されている。年間に換算すれば、約三シーベルトになる。五％致死線量である。平均した空間線量では、真野ダムと同じ水準である。局所的には、一年間被曝すれば致死線量となる場所がある。内部被曝であれば、確実に死ぬ。

水道は必ずしも十分管理されている水源を使っているわけではない。簡易水道と呼ばれる消毒だけで、河川水をそのまま使用している形式もある。しかし圧倒的に多いのは地下水水源の水道である。そのまま使用できるからである。

放射能汚染は、大気中に三〇％飛散し、水域に四〇％流出し、土壌に三〇％浸透する。この土壌浸透した地下水が水道の水源になるわけである。河川水もまた浸透し、地下水に流入する。浜通りの地下水流は西から東に流れ、放射能を時間をかけて輸送する。地下水汚染は確実に進行し、汚染水は飲用水となるわけである。住民は何も知らされずに、汚染水を飲み続けるのである。

7　原爆の影響はないのか

国立がん研究センターは、二〇一八年八月三十日、がんと診断された患者数の推計値を発表した。発症率は、東北地方と日本海側で高い傾向があったとしたが、あきらかに広島は高い数値を示していた。特に放射能に関係するがんは高かった。

すなわち、乳がん、白血病、悪性リンパ腫、悪性新生物、大腸がん、膀胱の悪性新生物、直腸S状結腸移行部のがん、卵巣がん、中枢神経系のがんが全国でも高い。

同センターは、地域差を論じているが、広島と長崎の特異性は完全に無視されている。長期にわたり、特異な地域差を生んでいる原因は何か。長崎が特に高い。

原爆との関係は明らかであろう。当然、福島でも同様のことが起こり、未来永劫、継続する。長崎の最大汚染の西山貯水池の空間線量と福島の真野ダムの空間線量の一致は、このことを裏付けるだろう。住民は汚染水を飲み続ける点で同様の内部被ばくによる発がんが予想されるのである。

さらに、渡辺ら（二〇一六年）は、同センターの二〇一三年の統計について、「東京における血液がんの急増傾向をはっきり示している。

図 11　都道府県別　年齢調整死亡率。広島、長崎、福島が高い
2016 年、乳房（女性、75 歳未満）

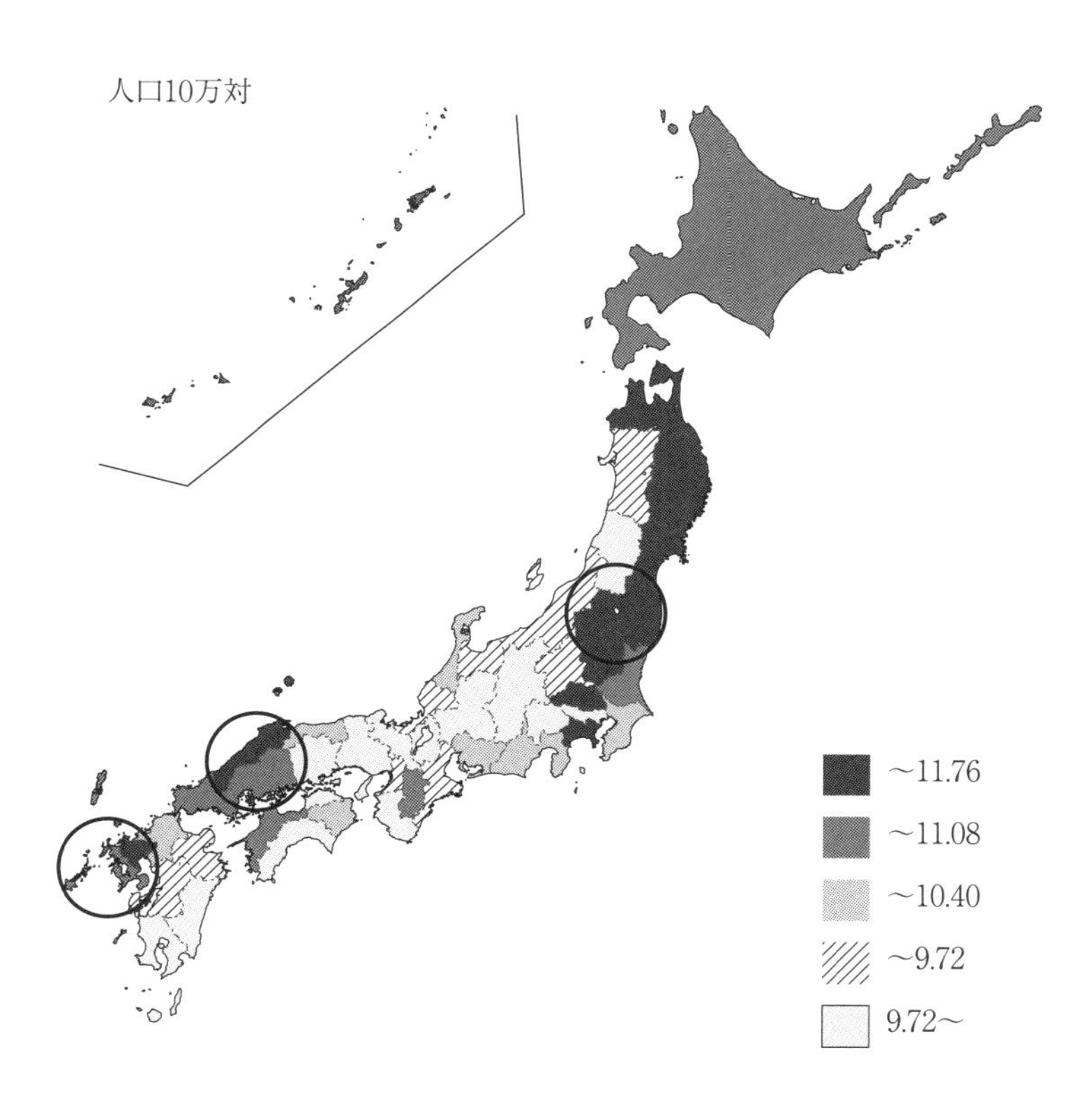

資料:国立がん研究センターがん対策情報センター「がん登録・統計」より作成

（中略）

事故前の二〇〇九年から二〇一〇年の増加率は、血液がん合計で一・一％なので二年間に換算して二・二％である。このトレンドと比較すれば、二〇一〇年から事故後二〇一三年への増加率二八・八％は明らかに大きな加速ということができる。また、全国の血液がん患者数の増加率一八・四％と比較しても、東京における増加率は突出している」

と評価した。血液がんとは、悪性リンパ腫、多発性骨髄腫、白血病、その他の血液がんのことであり、原発事故による放射性同位体と関係している。

8　新しい御用学者の登場

開沼博は、福島について、いくつもの論考を発表したが、その中で、放射性同位体について、誤った記述が認められる。ヨウ素131の半減期は八日であるから、姿を消し、「大丈夫です」（開沼、二〇一五年）。同様にセシウム137も自然界のカリウム40と等価であり、心配する必要がないとの趣旨になっている。つまり、最も深刻な放射性同位体であるヨウ素もセシウムも問題ないとしている。もし、体内でヨウ化セシウムの形態で存在すれば、このヨウ素化合物の半減期は三〇年になる。甲状腺に沈着すれば、間違いなくがん化するであろう。また、セシウムとカリウムではイオン化傾向（イオン半径）が異なり、放射性セシウムは体細胞のカリウムと交換され、細胞に沈着する。放射性カリウムは非放射性のカリウムとこうしたイオン交換は起きない。すなわち、セシウムとカリウムは内部被曝では全く異なるのである。

大和田ら（二〇一二年）は、カリウム40に対して、以下のように指摘している。

「生物はその発生のとき以来天然の放射性物質カリウム40と共存してきたが、人工放射性物質である放射性セシウムとは無縁であった。このことが重要である。

（中略）

「……カリウムの代謝は早く、どんな生物もその濃度をほぼ一定に保つ機能を持つため、カリウム40が体内に蓄積することはない」（市川、二〇〇八年）

「放射性セシウムは細胞が分裂しない心臓や脳にも蓄積し、修復できない被害をもたらす。一方カリウム40による高血圧症はないのである。（中略）

体内に常時蓄積しているカリウム40（約四〇〇〇ベクレル）のような天然放射性物質は、三七億年前位から進化の過程で適応的に共存してきたものなので、普通の生活状態ではその量と放射線感受性がうまく制御されている。そこが人工的な放射性物質（セシウム137等）と決定的に違うところである」

さらに、

「カリウムはカリウムチャンネルを通じ自由に全身を高速で移動し、濃度に応じて一様に分布するが、セシウム等の放射性同位元素は偏在することである」（渡辺ほか、二〇一六年）

この性質こそが、がんが発生する決定的な役割を果たす。

ここで、御用学者の共通の論理は以下のようである。

(1) 放射線は自然にもあるもので特に恐れることはない。
(2) 放射線は時と共に半減するから時間がたてば大丈夫。
(3) 人の体には放射性物質を排出する機能、細胞修復の機能があり、医療使用なども含め多少の被曝は心配ない。
(4) 除染によって汚染地帯は浄化され、除染後の居住、日常生活に支障はない。
(5) データによっても放射線レベルは着実に低下してきている。(筒井、二〇一七年)

一方の高嶋哲夫は作家であり、同時に研究者でもある。代表作「メルトダウン」(二〇〇八年)には重要な作者の意見が塗り込まれている。

反原発運動について、「革新団体のフェスティバル」「運動を宣伝しているだけ」「狂気にも等しい大衆のエネルギーだけだ」と登場人物に語らせている。指導者についても「いずれ、政界に出るつもりなんでしょう」と断じている。

核開発と原発は基本的に同じ技術で、政治の中で操られており、非核三原則も意味がないと考えている。特に「原発の燃料がそのまま、核兵器に利用できる」危険性を訴えている。彼の小説は、サスペンス作品として読まれているが、大衆は指導者に容易に操られ、本質が何もわかっていないと侮蔑している。

御用学者は、こうして手を変え品を変え、大衆の洗脳を繰り返している

参考文献
1　日本原子力文化財団、電力需要に対応した電源構成、二〇一九年
https://www.ene100.jp/zumen/1-2-11

2 電気事業講座編幹事会『電気事業事典』エネルギーフォーラム、二〇〇八年
3 東京電力、電力系統図、二〇一四年
http://www.tepco.co.jp/pg/consignment2/power_grid.html
4 電気事業講座編集委員会、電力系統、エネルギーフォーラム、二〇〇七年
5 菅直人『東電福島原発事故　総理として考えたこと』幻冬舎新書、二〇一二年
6 高木仁三郎『スリーマイル島原発事故の衝撃』社会思想社、一九八〇年
7 柳田邦男『恐怖の2時間18分』文芸春秋、一九八三年
8 太田時男『水素エネルギー』森北出版、一九八七年
9 岡芳明『原子炉設計』オーム社、二〇一〇年
10 東京電力、福島原子力事故調査報告書、二〇一二年
11 F.Pasquill. Atmospheric diffusion,D Van Nostrand, London, 一九六二年
12 早川由紀夫の火山ブログ：http://kipuka.blog70.fc2.com/
13 R.・グロイブ、E・J・スターングラス『人間と環境への低レベル放射能の脅威』肥田舜太郎、竹野内真理訳、あけび書房、二〇一一年
14 J・M・グールド、B・A・ゴールドマン『低線量放射線の脅威』今井清一、今井良一訳、鳥影社、二〇一三年
15 広島市・長崎市原爆災害誌編集委員会、『広島・長崎の原爆災害』岩波書店、一九七九年
16 吉川周作、山崎秀夫、井上淳、三田村宗樹、長岡信治、兵頭政幸、平岡義博、内山高、内山恵美子、長崎県西山水源池堆積物に記録された原爆の「黒い雨」」、『地質雑誌』107、8号、五三五、五三八、二〇〇一年
17 国立がん研究センター、都道府県別75歳未満年齢調整死亡率、二〇一八年
https://ganjoho.jp/reg_stat/statistics/stat/age-adjusted.html
18 開沼博『はじめての福島学』イーストプレス、二〇一五年
19 大和田幸嗣、橋本真佐男、山田耕作、渡辺悦司『原発問題の争点』緑風出版、二〇一六年
20 市川定夫『新・環境学』現代の科学技術批判（3）有害人工化合物/原子力、藤原書店、二〇〇八年
21 渡辺悦司、遠藤順子、山田耕作『放射線被曝の争点』緑風出版、二〇一六年
22 筒井哲郎『原発は終わった』緑風出版、二〇一七年
23 高嶋哲夫『メルトダウン』講談社文庫、二〇〇八年

第2章　福島第一原子力発電所の二次汚染

二〇一一年三月十一日、福島第一原子力発電所は大地震に襲われ、津波により壊滅した。緊急冷却装置は稼働したが、第一原子力発電所の三つの原子炉がメルトダウンし、「水素爆発」を起こし、建屋を大破させた。最終的に、大量の放射性同位体が大気中に放出され、東日本を広域に汚染した。

特にプラントの北西域は深刻な汚染があり、住民が避難した。ここでは、この領域の物質収支を計算した。つまり、放射能の収支である。原子力発電所から八〇km圏内の空間線量は、二〇一一年と二〇一二年の間で〇・四八倍に減少した。この時期、放射性同位体の半減期による減少率は〇・六八倍であり、河川の流出率により〇・七〇になったが、これは阿武隈川流域の流出率〇・三に対応した。

流出率とは、降雨に対して河川に流出する割合である。当然、流域に堆積する放射能は降雨とともに流出する。森林では、かなりの降雨が森林に吸収され、土壌に浸透する。土壌に浸透した降雨はさらに地下水に混入し、地下に蓄えられる。放射能もまた、同時に地下に浸透し、土壌に固定されるものもあるが、地下水に溶解し、浮遊し、地下に滞留する。一部はさらに深く浸透し、深層地下水となる。

浅層地下水はゆっくりと、地下の勾配に沿って海岸に向かって移動し、海岸線から数km離れた海底のトレンチで海に流出する。このトレンチは魚巣と言われ、多くの底生生物やプランクトン、それらを餌とする魚類が生息する。魚巣は、ゆっくりと汚染された地下水の湧水により放射能汚染される。この汚染は地下水とともども永久に継続する。

一方の河川により流出した降雨は放射能を運び、太平洋に河口から流出する。その結果、海岸線付近を広く放射能汚染する。つまり、福島の魚は海の表層と下層からゆっくりと確実に放射能汚染されるのである。しかもこの汚染現象は継続する。

表1　土地利用別流出係数 [5]

農地	草地	林地	住宅地	公共地
0.45	0.45	0.1	0.6	0.4

表2　年降雨量（mm）[3]

年	川内	広野	浪江	相馬	小名浜
2011	1270	1365.5	1320.5	1316	1013.8
2012	1481.5	1636.5	1471	1405.5	1013.4

表3　主要核種の半減期と割合（2011）[5]

核種	Te132	I131	I132	I133	Cs134	Cs137
半減期（年）	0.00877	0.0219	0.000263	0.0024	2.1	30
割合	0.135	0.568	0.153	0.0418	0.0398	0.0618

二〇一一年三月十四日、水素爆発が起こり、原子力発電所の北西に位置する阿武隈高原の東斜面を汚染した。二〇一二年、二次汚染が阿武隈高原の川俣町から国道四号線および原発から川内村の二カ所で認められた。両者は、南西方向で一致している。地下数十ｍの深さを浅層地下水は地表面に並行して流れ、一次および二次汚染を伴い、地表面から浸透する放射性同位体を太平洋沿いの南北七〇kmの海岸線の下を海底のトレンチまで輸送する。東電はわずか四〇〇ｍの海岸線だけを管理する。放射性同位体の汚染により、陸域は二〇〇〇km²以上の面積が今も危険な状態にあるが、二〇一九年から二〇二一年には、そのほとんどの地域がこうした流出により「安全」になるだろう。しかしながら、原子炉からのメルトダウンによる地下水汚染は永久に解決しない。なぜなら、核反応が現在も継続しているからである。将来的にも地下水汚染のリスクのある地域は、相馬市から広野町に至る南北七〇kmの浜通りである。

特に短半減期の強い放射能は、人体に深い損傷を与える。この機構は、ほぼ半永久的に続く。ここで、一次汚染とは「水素爆発」直後の汚染をさし、二次汚染とはいったん汚染された状態から、風雨や交通手段により、放射能が移動して生じる汚染である。地下水を通過した放射能はゆっくりと移動するので、二次汚染に含まれる。デブリからの汚染は、短半減期の強い放射能を含むので一次汚染である。したがって、浅層地下水には一次汚染と二次汚染が同時に進行する。浅層地下水は一般家庭用で使用される飲用の地下水である。福島ではもう永久に飲用できない。深層地下水は水道事業体が使用する一〇〇m以上の深い井戸水である。放射能汚染はそれほどひどくないが、いったん汚染されると永久汚染になる。現在、トリチウム汚染が進行している。

1　放射能の長期汚染の計算

特に、プラントの北西部は深刻に汚染され、住民は避難した。汚染は大気圏、水圏および地圏に及び、二次汚染が進行した。北西域の汚染は大気圏と水圏で、特に地下水および海洋の汚染を解析した。大気汚染の解析は、阿武隈高原の汚染域から風による輸送に対して行った。水圏の汚染は、阿武隈川流域の流出および地下水浸透を推定した。

2　方法

(1)　使用データ

衛星データは、ALOS、THEOSおよびASTERであった。原子力規制委員会の放射性同位体の分布調査のデータベース[1]から、二〇一一年四月十九日と二〇一二年六月二十八日の二つの空間分布図を

図１　福島の衛星画像と地図。破線の円は原子力発電所から 30㎞圏を示す。タテ長の太線は阿武隈高原の方位を示す。斜線の楕円は 2011 年 3 月 14 日の水素爆発による深刻な汚染を示す。[5]

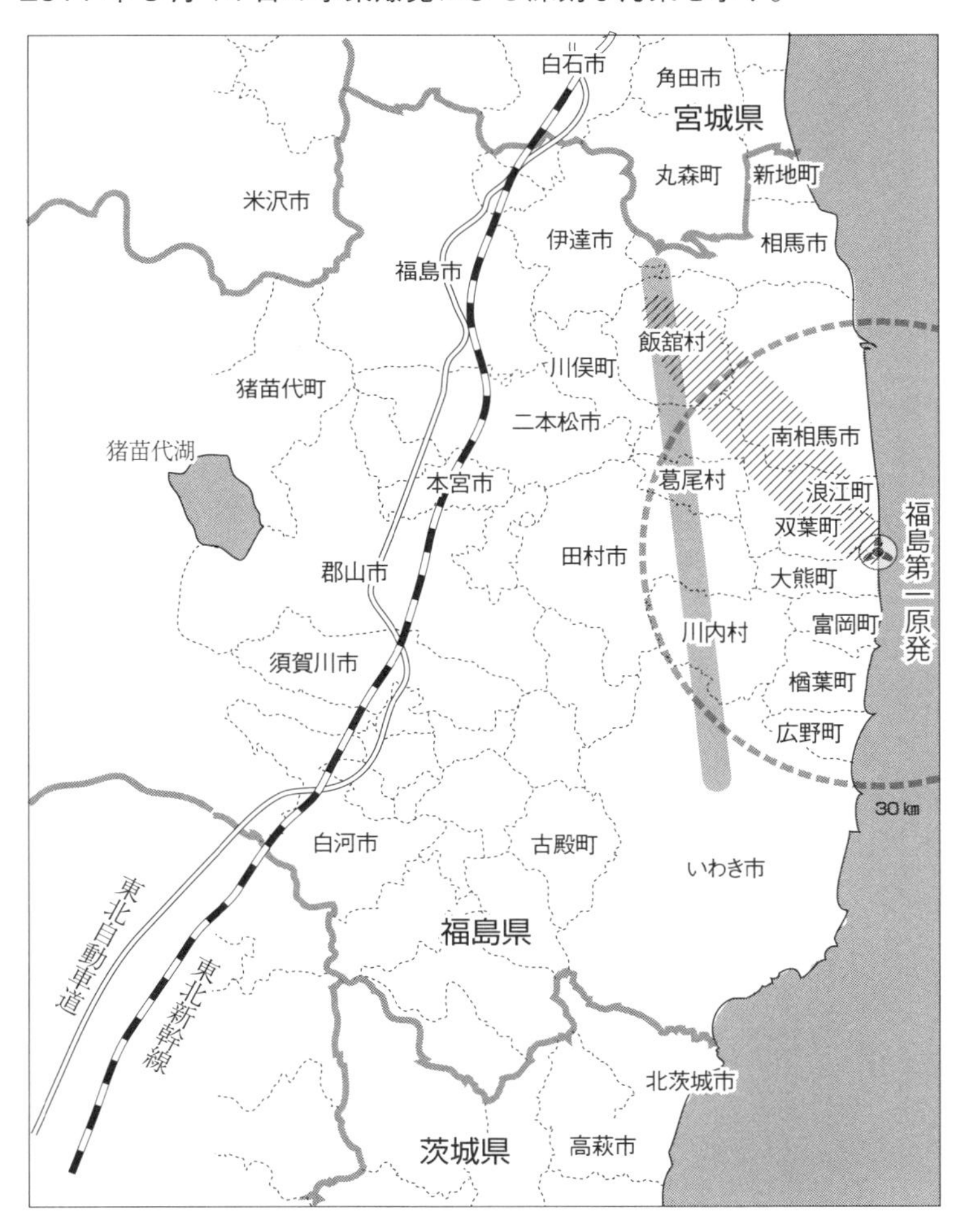

図2　SPEEDI（2011年3月12〜23日）と3月14日の風のトラジェクトリ。SPEEDIは、空間分布図から異なる汚染形状を示す。SPEEDIに適用した大気拡散モデルから異なる物理過程が発生したことを示唆している。[5][6]

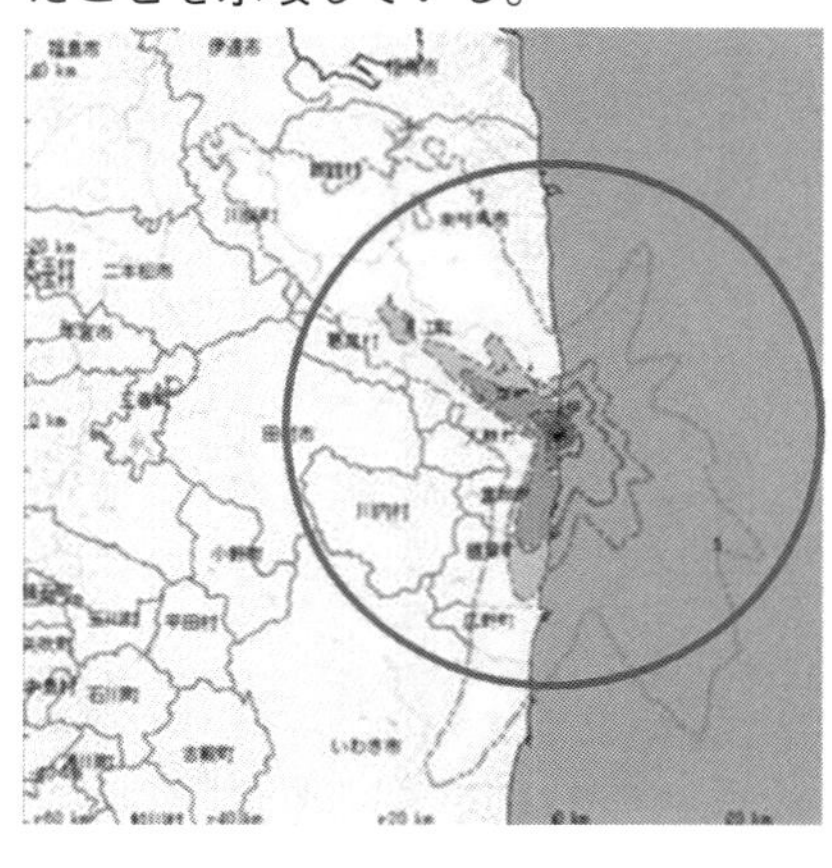

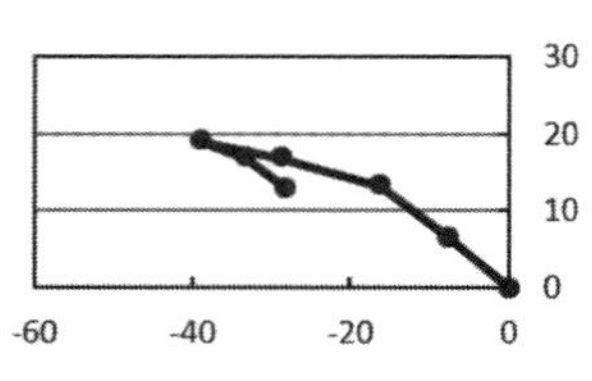

選んだ。福島県のホームページ[2]から土地利用図を得て、土地利用ごとに、流出率を与え、面積率とともに、表1の流出率を求めた[5]。これらの数値は降雨による放射性同位体の流出率にほぼ当てはまる。降雨データは、表2に示す、気象庁のデータを使用した[3]。蒸発散量は、渡邊[4]から得た。主要な放射性同位体は、表3に示す六核種である[5]。

(2)　水収支

水収支は次式で求めた。

降水量＝蒸発散量＋流出量＋浸透量　(1)

ここで、各項の単位は㎜／年である。つまり、降雨は、植生と地表に落ちると、一部は斜面から河川に流出し、残りは地下に土壌を通して浸透する。晴天時には、植生の表面と葉からの蒸散、つまり蒸発とその他の地表面からの蒸発が起こり、合わせて蒸発散という。降雨は蒸発散と流出、浸透がほぼ等しい割合で分配される。

(3) 物質収支

セシウム一三七の線量は次式で算定した。

1mSv/h = 0.308 MBq/m^2　(2)

この式は、空間線量のセシウム137の一マイクロシーベルト／時は、地表面では、〇・三〇八メガベクレル／㎡の汚染に相当することを示している。つまり、空気中の放射能の強度を地表面の放射能の汚染強度に換算する式である。セシウムで換算する。各放射性同位体の線量は表3の半減期から求めた。

3 結果

(1) 空間線量の低減

二〇一一年と二〇一二年の間での空間線量の低減は、〇・四八であった。この値は半減期による〇・六八の低減と流出による〇・七の低減の積である。後者は流出率〇・三に対応している。つまり、地表の放射能は降雨により、〇・三だけ、斜面から河川に流出し、残りの〇・七は、さらに半減期で放射能の強度が減少することを示している。降雨の流出に対し、放射能もまた同じ割合で流出することを意味する。三〇km圏の対象地では、阿武隈高原の東斜面の流出率は〇・二六である。したがって、残留放射能は、依然〇・七だけ表面に存在する。阿武隈高原東部の年降水量は、平均一三二九㎜である。蒸発散量は六八〇㎜と推定されている。[4] 八〇km圏の二〇一一年の総空間線量は、セシウム一三七換算で五九九七テラベクレルであるが、二〇一二年では三三一〇テラベクレルである。

図3　2011年4月19日の空間線量 [1]

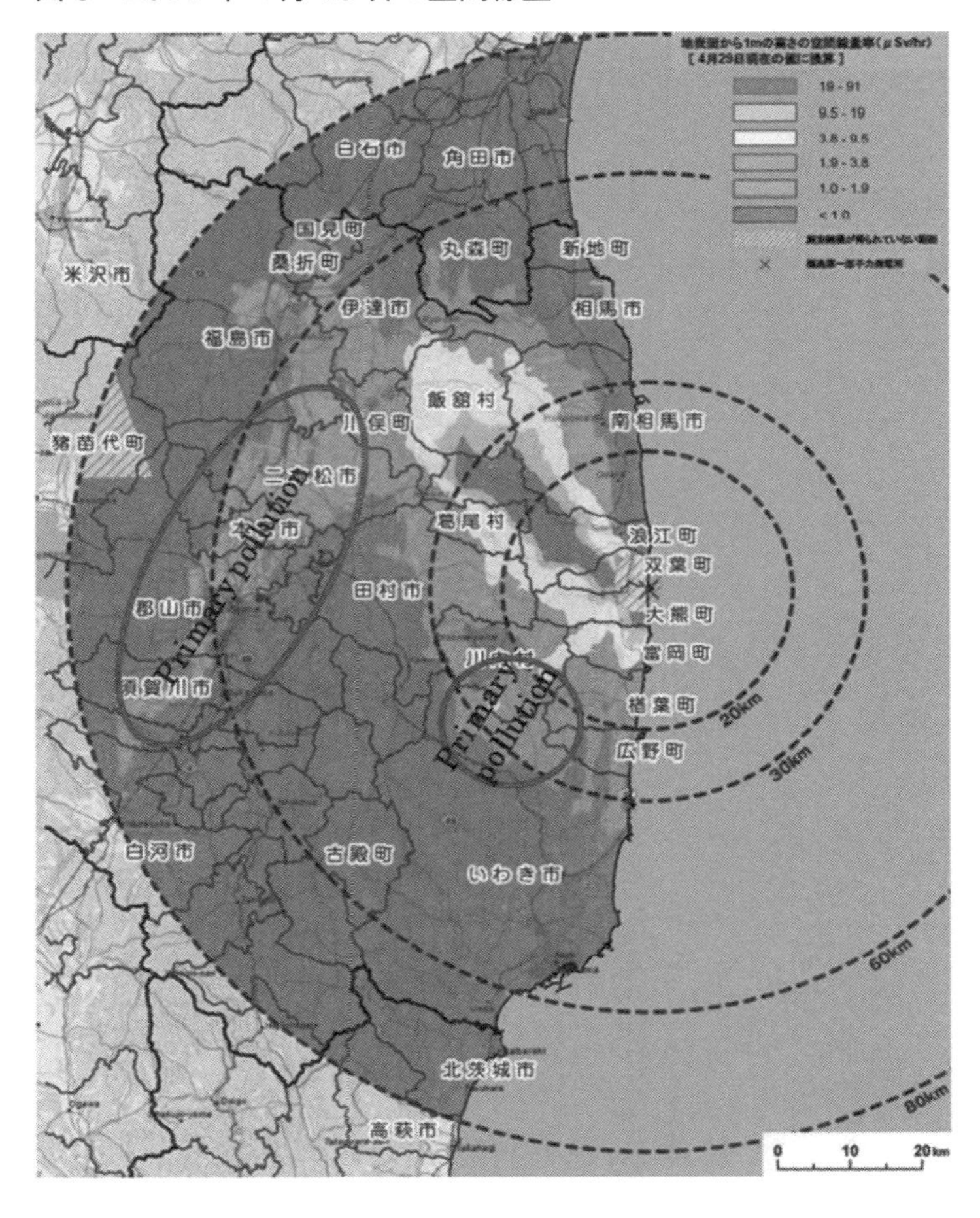

図４　2012 年６月 28 日の空間線量 [5] 二次汚染が認められる

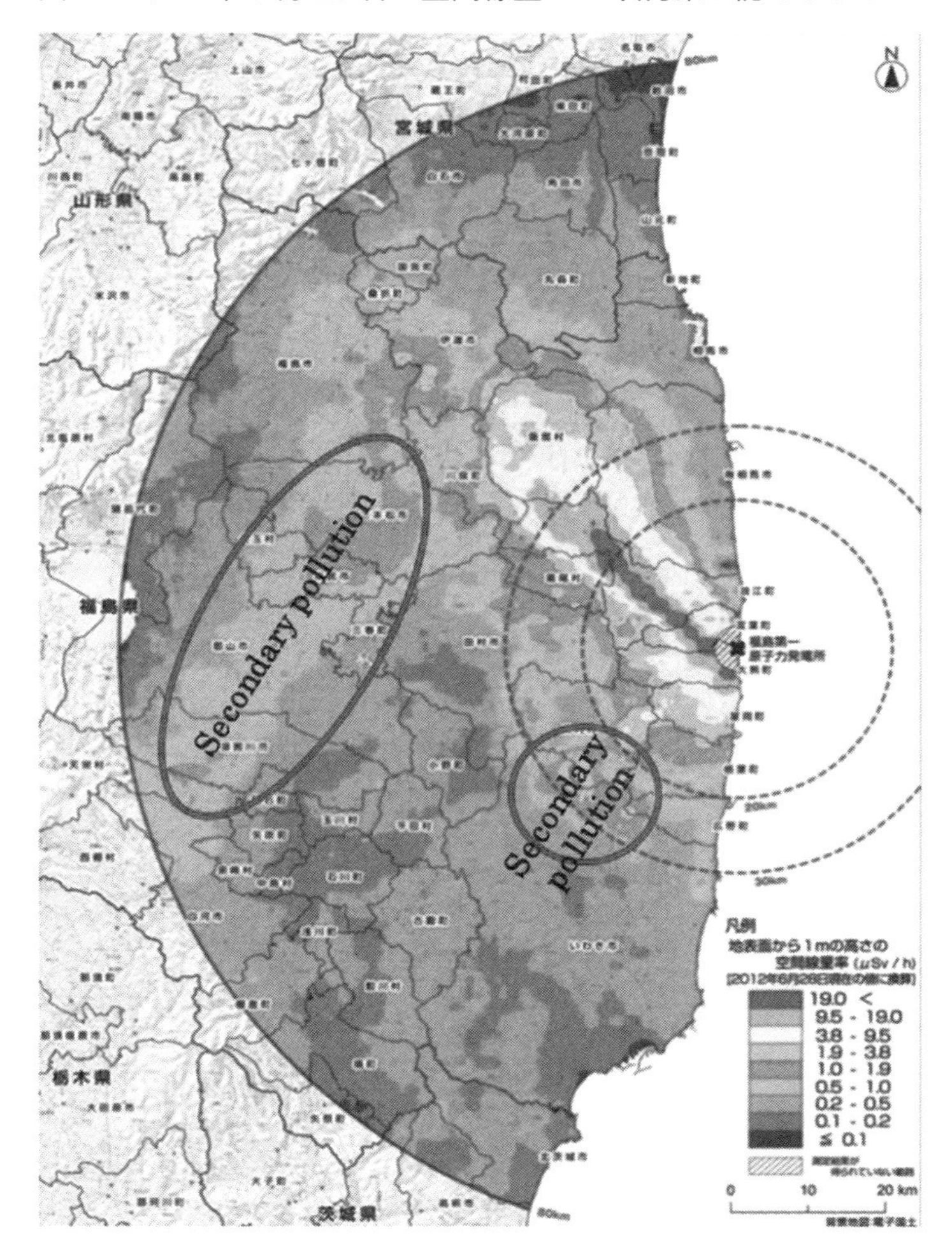

（2）　二次汚染

図1に示すように、水素爆発が、三月十四日一一：〇〇に三号炉で発生し、霊山方向に南東風により放射性同位体が流れ、阿武隈高原東斜面に落下した。水素爆発により生成したコンクリート砕などに付着した放射性同位体は、北西の方向に一〇〇〇ｍ未満の高度で流れ、霊山（八二五ｍ）と天王山（一〇五七ｍ）の間の尾根付近に落下した。放射能は微粒子のように挙動した。つまり、放射能は、この場合、花粉やＰＭ２・５のような微粒子と同じ運動を示した。放射能は毒ガスではなく、毒粒子である。さらに、図２に示すように、その一部は尾根を越え、川俣町に流れた。

しかしながら、空間線量では未知の汚染パターンが認められた。図３と４は、放射性同位体が川俣町から国道四号線を南に移動していることを示している。気象データからは、そのような風のトラジェクトリは見られず、こうしたパターンは四号線の二次汚染により発生したと考えられる。

同様に、そのようなパターンは原子力発電所の南西方向にも認められる。これらのことは、原子力発電所の北西にある阿武隈高原の東斜面を超えた放射性同位体が降雨により南南西に拡散し、車両や鉄道による輸送が二次汚染に寄与したことを示唆する。車や鉄道が放射能を吸い込み、輸送して、吐き出しているのである。山の斜面でも風の吹きおろしで、二次汚染が起きている。

（3）　地下水汚染

図5は、浅層地下水の水頭分布を示す。水頭とは、水の圧力のことで、水分量と考えればよい。高い水

図５　福島の地下水の水頭分布。この地図から原子力発電所周辺の地下水が阿武隈高原に降った降雨により涵養され、海洋に流出していることがわかる。[5][7]

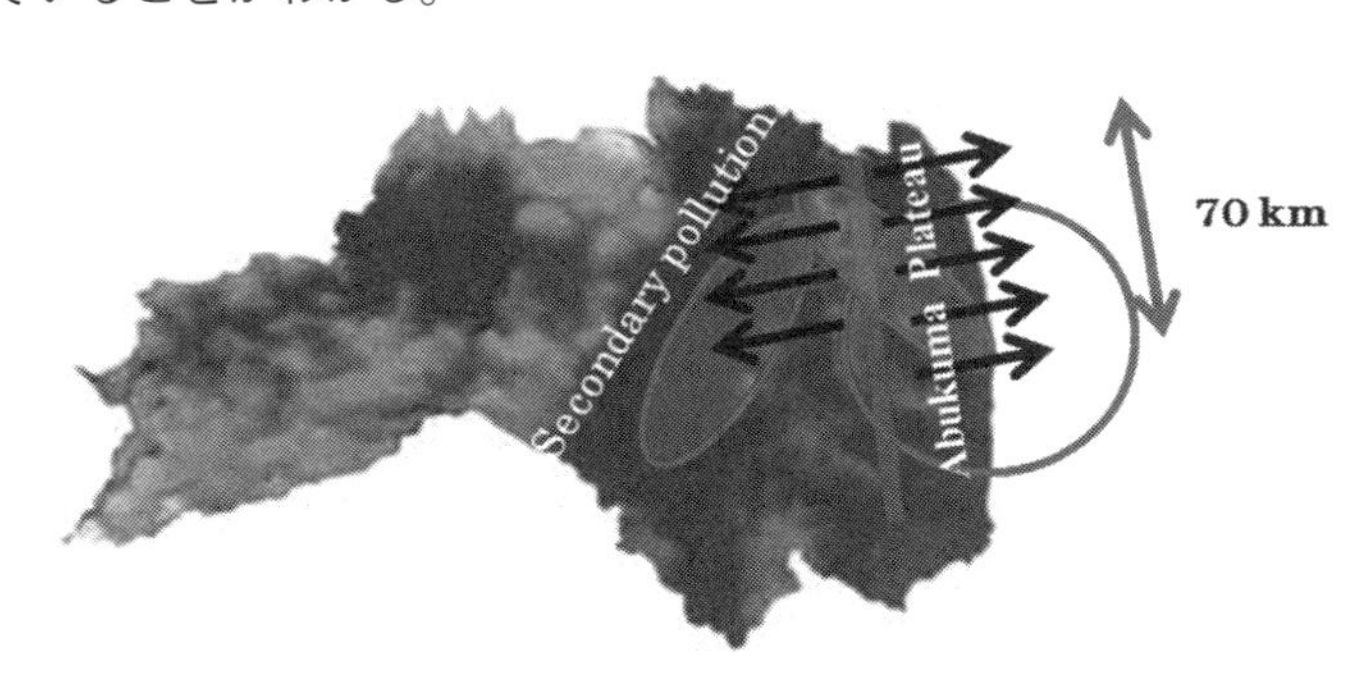

頭は低い水頭に向かって流れる。既に示したように、七〇％の放射性同位体は二〇一二年の時点で原子力発電所北西方向の阿武隈高原の東斜面の表層にとどまっていた。表面の土壌に放射能が吸着していた。年降雨は平均一三二六㎜で、もし、地下水涵養域の面積が三三四ヘクタールであり、浸透水が浅層地下水に九〇％、深層地下水に一〇％分離されるなら、日量五五〇〇㎥の浅層地下水が原子炉のメルトダウンの直下を流れることになる。地面から深さ三〇ｍあたりをほぼ水平に海岸線に向かって流れる。

ウラニウムとプルトニウム核燃料のメルトダウン総量は二三九トンと推定され、地下水汚染を発生させている。他方、阿武隈高原の西斜面は、この時点で一マイクロシーベルト／時を超える汚染帯が国道一一四号線（福島市から川俣町を経由し、浪江町に至る国道。全長約七〇㎞）から四号線に伸びていた。この汚染帯は、依然、福島市から郡山市にかけての浅層地下水源を汚染している。汚染帯は主として、道路の「沿道」と呼ばれる、路側から外側の表土や家屋の放射能汚染をさしている。道路自体はアスファルトが降雨時に洗われるので、一定程度の線量でとどまるが、沿道は汚染が蓄積し、進行する。

4　考察

(1)　将来の空間線量

二〇一二年の時点で、高空間線量の危険な地域は、福島の一〇〇〇㎢以上に存在していた。原子力発電所から八〇㎞圏の地域では、国の規制値の〇・一マイクロシーベルト／時を超えていた。汚染域は、福島県東部に対応する二万㎢を超えていた。

ここで、住民が「安全」に暮らせる日を計算する。まず、放射性同位体が流出率〇・三で流域から毎年流出し、放射性同位体の半減期と割合を表3のように仮定する。結果として、双葉町は二〇一一年から八年後、平均として規制値に達するであろう。二〇一九年、この町は規制上、ほぼ安全になる。ただ、この安全は、行政の決めた「安全」であって、福島で暮らすことは寿命を縮めることに他ならない。広島、長崎同様に原発由来の後遺症に苦しめられる。個人差があるが、統計的には白血病やがんなどの発症率は当然高くなる。この場合、原発と原爆は全く等価である。

(2)　二次汚染と地下水

初期汚染は、主としてヨウ素131であった。しかし、二次汚染ではセシウム134と137に変わった。したがって、初期汚染は著しく減少し、一方、二次汚染は緩やかに減少した。さらに、初期汚染は、土地利用の林地と農地で起こり、他方、二次汚染は人口の多い都市域で生じた。このことは、阿武隈川流域では深刻であった。

二次汚染の機構は、初期汚染で堆積した放射性同位体が、風雨と交通網により輸送されたために生じる。初期汚染の空間線量の変化は前項に示した通り、半減期によりヨウ素131からセシウム134と137に変わり、降雨の流出により水圏と地圏に放射性同位体が移動したためである。もう一方の主たる二次汚染は地下水汚染である。

地下水は、初期汚染とメルトダウンによる放射性同位体の漏出により汚染が継続している。初期汚染は二〇一二年で一マイクロシーベルト／時になるだろう。しかしながら、メルトダウンによる汚染は、二三九トンのウラニウムとプルトニウムの除去の工程の完了まで永久に継続する。

不幸なことに、ウラニウム235の半減期は七億三八〇万年であり、プルトニウムは二万四一〇〇年である。したがって、地下水汚染の回復は永久に不可能である。汚染水の総量は三〇万トンを超える。福島の地下水は永久に汚染された状態が継続する。トリチウムの汚染はセシウムとともに深刻である。二次汚染は放射能汚染の拡散である。汚染は、気圏、水圏、地圏の全ての領域で起こっている。いずれ、福島は、広島、長崎と同様な事態になり、総合病院や精神病院を増設しなければならない。生活保護の枠も拡大しなければならない。県内のいたるところで、障碍者が生活するようになる。

5 結論

上記の結果と考察から、以下の結論が得られる。

⑴ 原子力発電所の八〇㎞圏の空間線量は、二〇一一年と二〇一二年で〇・四八倍に半減した。この間、

核種の半減期による低下は〇・六八倍、また降雨流出による低下は〇・七であった。後者は降雨の流出率〇・三に対応する。つまり、放射能は水に完全に溶けて拡散している。

(2) 二〇一一年三月十四日の「水素爆発」の結果、阿武隈高原の東斜面は、深刻に汚染されている。次に、二次汚染が川俣市から国道四号線、原子力発電所から川内村に発生した。両者は国道に沿った南西の方角の汚染であった。この二次汚染は依然として進行している。

(3) 浅層地下水は、表層に並行して流れ、初期汚染と二次汚染の放射性同位体は、地下水を経由して、七〇㎞の海岸線を超えて、海洋に流出している。つまり、海岸線に平行して走る魚巣と呼ばれるトレンチを放射能汚染し、底生生物、プランクトン、魚類を放射能漬けにしている。しかも核反応はデブリの中で現在も継続しており、短半減期の強い放射能、例えば、ヨウ素131も刻々と生成されている。

(4) 放射性同位体の汚染により、危険地域は二万㎢になるが、二〇一九年から二〇二一年には一ミリシーベルト／年の規制値を平均して下回る。この結果、行政による強い指導がなされ、放射能の影響が懸念される若い世代が生活することになる。行政は降雨時の放射能を計測しないが、降雨直後の水道水中の放射能は強いピークを示し、極めて問題である。

(5) 原子炉のメルトダウンによる地下水汚染は、永久に解決しない。福島の地下水は永久に使用できない。トリチウムやプルトニウムは、ベントナイト（放射性物質吸着剤）では遮蔽できず、確実に浅層地下水も深層地下水も濃度が増加する。

原子炉のメルトダウンによる地下水汚染は、永久に解決しない。福島の地下水は永久に使用できない。

参考文献

1 原子力規制委員会、放射性物質の分布調査のデータベース。 http://radb.jaea.go.jp/mapdb/
2 福島県ホームページ http://www.pref.fukushima.lg.jp/
3 気象庁 http://www.jma.go.jp/jma/index.html
4 渡邊明、「福島県の気候」、『福島県植物誌』笹氣出版、一九八七年。
5 S. Ogawa, Secondary pollution budget of Fukushima nuclear power plant, The 34th Asian conference on Remote Sensing, Bali, 2013.
6 原子力規制委員会、SPEEDI http://www.bousai.ne.jp/vis/torikumi/index0301.html
7 丸井敦尚、復興に向けた広域地下水流動解析、GREEN（産業技術総合研究所地質総合センター）、一八～二一頁、二〇一二年

第3章　潜入取材で分かった実態

No.　1

こちら双葉郡福島第一原発作業所第1回

二〇一二年八月六日

汚染水漏れや冷却装置の故障といったトラブルばかり聞こえてくる福島第一原発。東電の「廃炉作業は順調」なんて主張を信じる気にはまるでなれない。そこで今秋（二〇一二年秋）から、作業員として潜入中のジャーナリスト・桐島瞬氏のレポートを『週刊プレイボーイ』誌上で）掲載。毎週、福島第一原発について、最も鮮度が高く信頼できる情報をお届けする。

社員の部屋だけ除染、会長は作業員を完全無視……
反省・感謝ゼロの〝俺様東電〟は健在！　社員のゴーマンすぎるふるまいを暴く！

「いったい、どこまで行けば原子炉が見えるのだろう」

私が第一原発（通称〝1F〟）を初めて訪れてとき、あまりの広さに驚いた記憶がある。車で正門をくぐってから、なかなか爆発した建屋が見えてこないのだ。

1Fの敷地面積は約三五〇万㎡。東京ドーム七四個分に相当し、太平洋戦争時には旧日本陸軍の飛行場として使われていたこともある。4号機から6号機まで歩いて二〇分近くかかるといえば、その広さが伝わるだろうか。

「これだけの広さがあれば、震災ガレキを受け入れることもできるのでは」

そう感じさせるほど原発構内は広大で、雑木林のままで使われていない土地も多い。東電によると、約半分近くが緑だという。

こんなに広い理由は、ここに原子炉7号機、8号機を増設する予定だったからだ。計画が発表されたのは一九九〇年代前半だが、用地を取得した六〇年代からすでに増設を考えていたともいわれる。だが、震災が起きて計画は中止、いまは手つかずのままだ。

1Fで働こう。そう思ったのは、震災後間もなくだった。ジャーナリストとして警戒区域や福島原発に幾度となく足を運んだ。だが、大事故を起こした肝心の原発の中で何が起きているのか、さっぱりわからない。

東電が意味のある情報を隠そうとするなら、それを暴き出して国民に伝えるのがジャーナリストの務めだ。どうすれば効果的な取材ができるかを考えた。東電の記者会見には大勢の記者たちが押し寄せ、事実の追及に力を注いでいる。ならば自分は収束現場に入り、記者会見では決して見えてこない事実を伝えよう。自分の目で確かめたものなら強い説得方を持つ。そう考え、私は福島原発に入り、今もここで働いている。

作業員はいくらでも替えがいる!?

1Fで働いて感じるのは、作業員と東電社員の格差だ。発電所は東電の設備で、そこをメンテナンスするのが作業員たちの属する協力企業。だから作業員たちは、東電社員を「客」と呼ぶ。協力企業にとって、東電はお金を払ってくれる顧客という意味合いがあるのだろう。

だからというわけではないが、社員と作業員の待遇に格差を感じることが多々ある。例えば、こんなことがあった。

震災以降、東電社員と作業員の前線基地となっている場所に免震重要棟がある。免震棟の中は水素爆発のときに放射性物質が流れ込み、ほかの建物同様に汚染された。だが地震に強いということもあり、いまもここで執務が行なわれている。二階は緊急時対策本部として東電社員が働き、一階は協力企業の作業員の事務所だ。問題はワンフロア違うだけで、待遇が違いすぎることだ。二階は対策本部というだけあって大型スクリーンが部屋の中に並び、その周りを机と椅子が取り囲んでいる。だが、一階は広いスペースを会社ごとにみすぼらしい間仕切りで分けただけの空間で、床にシルバーのレジャーシートがしいてあるのみ。基本的に机も椅子もない。作業員はここで着替えたり、食事や昼寝をしたりする。さらに、東電は作業員の部屋はそのままなのに、自分たちの部屋だけ除染する始末だ。

今年（二〇一二年）四月二十六日、東電は免震重要棟の一部を非管理区域として運用すると外部に発表した。線量が三カ月当たり一・三ミリシーベルトを超えるときは放射線管理区域となるが、東電は社員のいる二階スペースを徹底して除染し、その値を下回らせたという。それなら、なぜ一階も同様にきれいにしてくれないのだろう。

作業員が食事や休憩をする一階は、床などに舞い落ちた放射性物質から被曝する。テーブルが少ないため、昼食の時間となれば多くの人が床に弁当を置いて食べる。疲れた体を休めるために横になるのも床なのだ。

東電は免震棟二階だけ除染した理由を、収束作業に不可欠だったためと説明する。つまり、被曝線量の上限を超えてしまい、管理区域に入れなくなってしまった社員たちがいる。だが、それでは人材不足で作業が滞ってしまうことから、除染して誰でも入れるようにしたというのだ。

なら作業員はこのまま被曝をしてもいいのだろうか。いくらでも替えがきくコマだとでもいうのか。汚染された免震棟で放射線を浴び続けたら、いずれ被曝限度を超えて現場を退去するしかなくなる。

現場で起きている相次ぐトラブルの多くは技術不足からくる雑な工事が原因。すでにベテラン作業員は足りなくなってきている。

このような作業員軽視の姿勢のままでは、満足な収束作業などできるはずがない。

作業員を無視した会長と社長

東電の新会長と新社長に就任した下河邊和彦氏、廣瀬直己氏は今月（七月）四日、就任後初めて第二原発（通称2F）と1Fを視察した。報道陣に公開した2F視察と違い、1F視察は取材を一切シャットアウトした。その際、東電社員が執務を行なう免震棟の二階で訓示を述べたが、その内容が興味深かったので要旨を紹介する。

図1　福島第一原発構内図

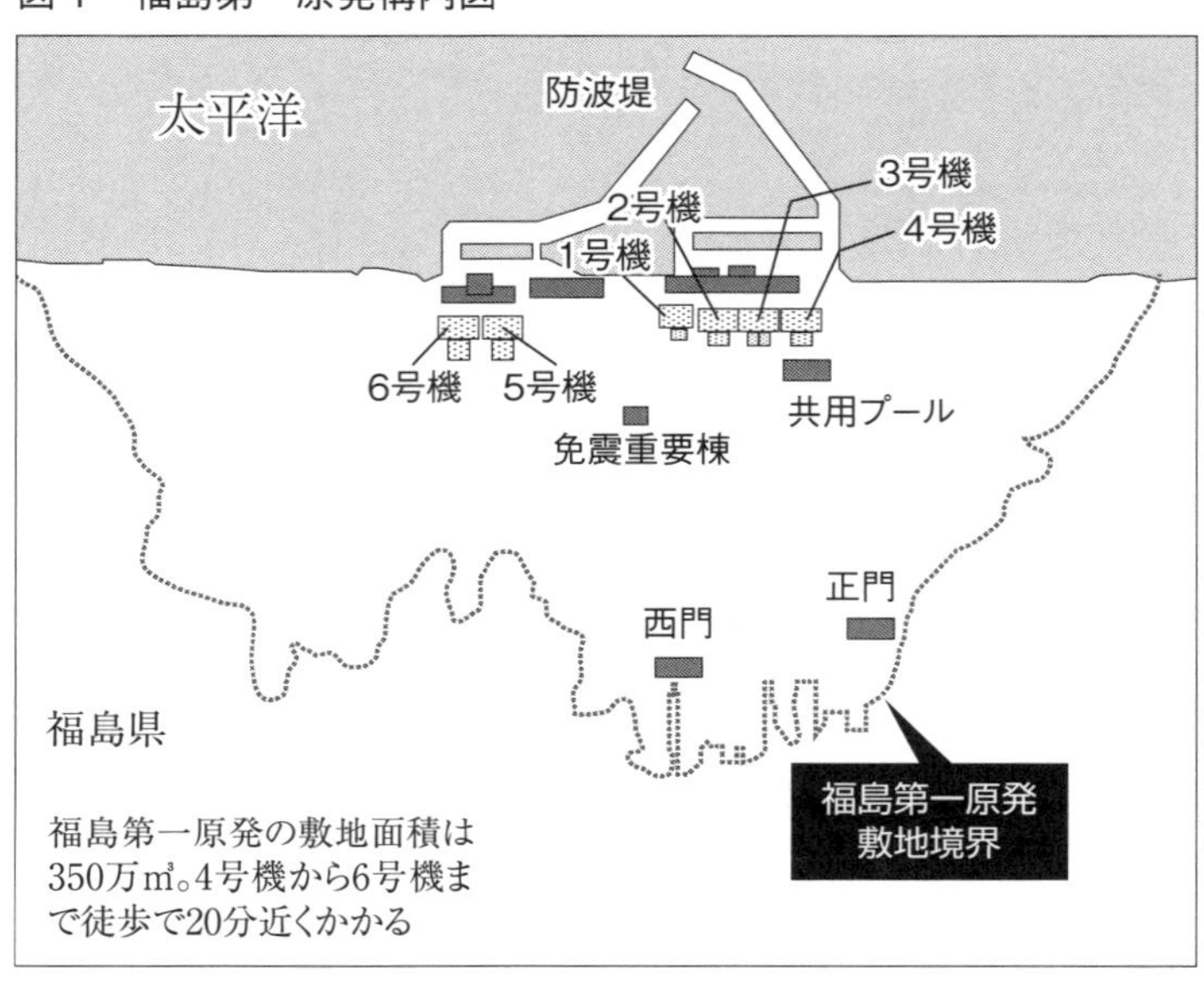

廣瀬社長「われわれがまずやるべきことは、福島へ行って、被災者の方を中心に自治体の皆さんにお詫びをしてお話を伺うこと。そして福島第一、第二を訪問して皆さまの元気な顔を見て、一緒に頑張っていこうということをお話しさせていただくことでした」

さらにこう続く。

「行く先で被災者の方々が異口同音におっしゃることは、皆さん（＝東電社員）に対する感謝でした。皆さんある意味、英雄でヒーローで、本当によく頑張ってくれているということでした。私自身もうれしかったし、ぜひ皆さんにお伝えして、また新たに頑張る糧にしていただきたいと思いました」

後からこれを知って私は違和感を覚えた。社長が、みんなの元気な顔を見て一緒

免震棟でカップめんを食べる作業員。震災直後にあった食事の支給はなくなり、コンビニ弁当を食べる人も多い。レンジと給湯器は免震棟にある。

に頑張ろうというなら、最前線で踏ん張っている作業員にも声をかけるべきではないか。特段、皆を集めて話をする必要はない。各社のブースを回ってあいさつをして、そこにいる作業員と二言三言、話をすればいいだけだ。トップから声をかけられたち、作業員たちのやる気も違ってくる。

ふたりが訓示を述べた正午前は、仕事を終えた作業員が免震棟一階に一斉に戻ってくる時間帯。この日は気温二七℃、湿度八八％の蒸し暑い一日で、疲労困憊した男たちが疲れきった表情でそこにいた。だが会長と社長は、ついに一度も作業員の前に顔を出さなかった。

作業員の士気は低下

3・11の震災直後から命の危険をかえりみずに収束作業に取組んできた作業員たち。マスコミは「フクシマ五〇」などとヒーロー的に持ち上げた。だが、あれから一六カ月が過ぎ、現場の士気

免震棟前でバス待ちする列。社員と作業員は乗るバスも別々だ。非管理区域になった免震棟２階から出てくる東電社員（左列）は身軽な制服姿。一方、汚染区域が事務所となっている作業員（右列）には防護服の着用が義務付けられている。

は急速に低下している。被曝のリスクを冒しての作業。容赦なく襲いかかる熱中症。ピンハネされる危険手当――。作業員たちがやる気をなくす要因は数え上げればキリがない。

特に、七月も後半になり、熱中症との戦いはいっそう厳しくなっている。この原稿を書いている七月十七日、気温が三二℃まで上がり、みな全面マスクと防護服の中で倒れそうになりながら作業をした。マスクの中で拭いようのない汗が次々と目に入り、視界を妨げる。防護フィルターを通した呼吸は、まるで熱風を吸い込んでいるようだ。防護服の下の汗を吸い込みすぎた下着が足取りをいっそう重くさせる。「やってらんねぇ。頭が痛ぇ」そんな声がアチコチから聞こえてきた。

現場の惨状は震災直後からほとんど変わっていないのに、平常時に戻りつつあることをアピールする東電の姿勢も働く人たちの気持ちを逆なでする。収束作業の主役となる作業員の置かれた状況だけ見ても問題は多く、スムーズな廃炉作業など望めない。

この連載では、福島第一原発で働く私が自分の目で見たこと、当事者から直接聞いたことを中心に書いていこうと思う。取材規制のベールに包まれた収束現場でいま、いったい何が起きているのか。それらを通して、１Ｆの置かれた状況が見えてくるはずだ。

No. 2

こちら双葉郡福島第一原発作業所第2回

二〇一二年八月十三日

「あの人の線量計はいつも低い」⁉ 〝鉛カバー被曝偽装問題〟の実態

福島第一原発（1F）で「被曝隠し」が発覚した。昨年十二月、東電の協力企業の下請け会社「ビルドアップ」（福島県浪江町）の元役人兼現場責任者が、実際の被曝値よりも低く見せかけるために、作業員に線量計（APD）を鉛カバーで覆うよう指示したというものだ。鉛には放射線の遮蔽効果があり、労働安全衛生法に違反する疑いがもたれている。

事件が発覚してから最初の勤務日となった七月二十三日、免震棟はこの話題で持ちきりとなった。一般の人はこのようなごまかしが原発内で横行していると思うかもしれないが、実際にはそうともいえない。作業員の反応も一様に信じられないというものだった。新聞を広げて事件の詳細を知った三〇代の作業員は「あり得ない」とひと言。「会社の指示で鉛カバーをつけさせるなんて人間性を疑う。もし自分がつけろ

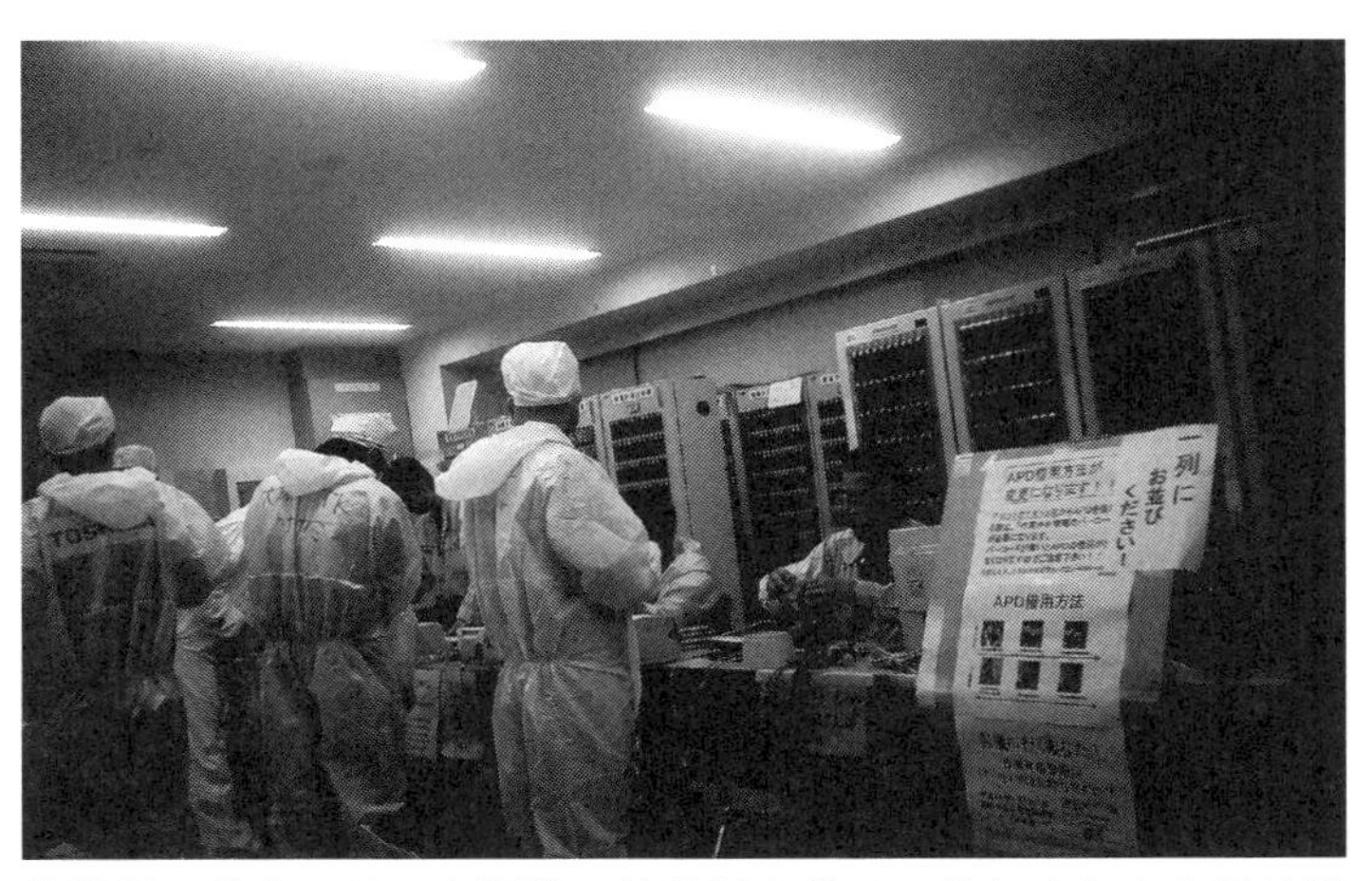

作業員は仕事の前に免震棟で線量計を借り、終わるとまた同じ場所に返す。返却後も構内にいる限りは被曝するが、それはカウントされない。

と言われたら頭にくるだろう」（四〇代作業員）という声もあった。

ビルド社の元請け企業「東京エネシス」で働く作業員によると、東京エネシスの田中晃久所長が朝礼で事件を説明。途中、声を詰まらせながら、目の前にいる二〇〇人近い作業員にわびた。田中所長の顔はやつれ、目は赤く腫れているように見えたという。

ビルド社の調査によると、昨年十二月一日、少なくとも五人のビルド社作業員が鉛カバーをつけて作業を行った。作業場所は原子炉1号機の西側。汚染水浄化設備のホースに保温材を巻く作業だった。

同じ場所で同様の作業をしていた別の下請け会社の作業員によると、ところどころ高線量の場所があり、γ線以外にβ線も出ていたという。本来、β線は外部に出てきてはいけないもので、内部被曝した場合に人体に与える悪影響はγ線以上といわれる。

こうした場所をすでに累積被曝量の多い作業員

図２　福島第一原発構内図

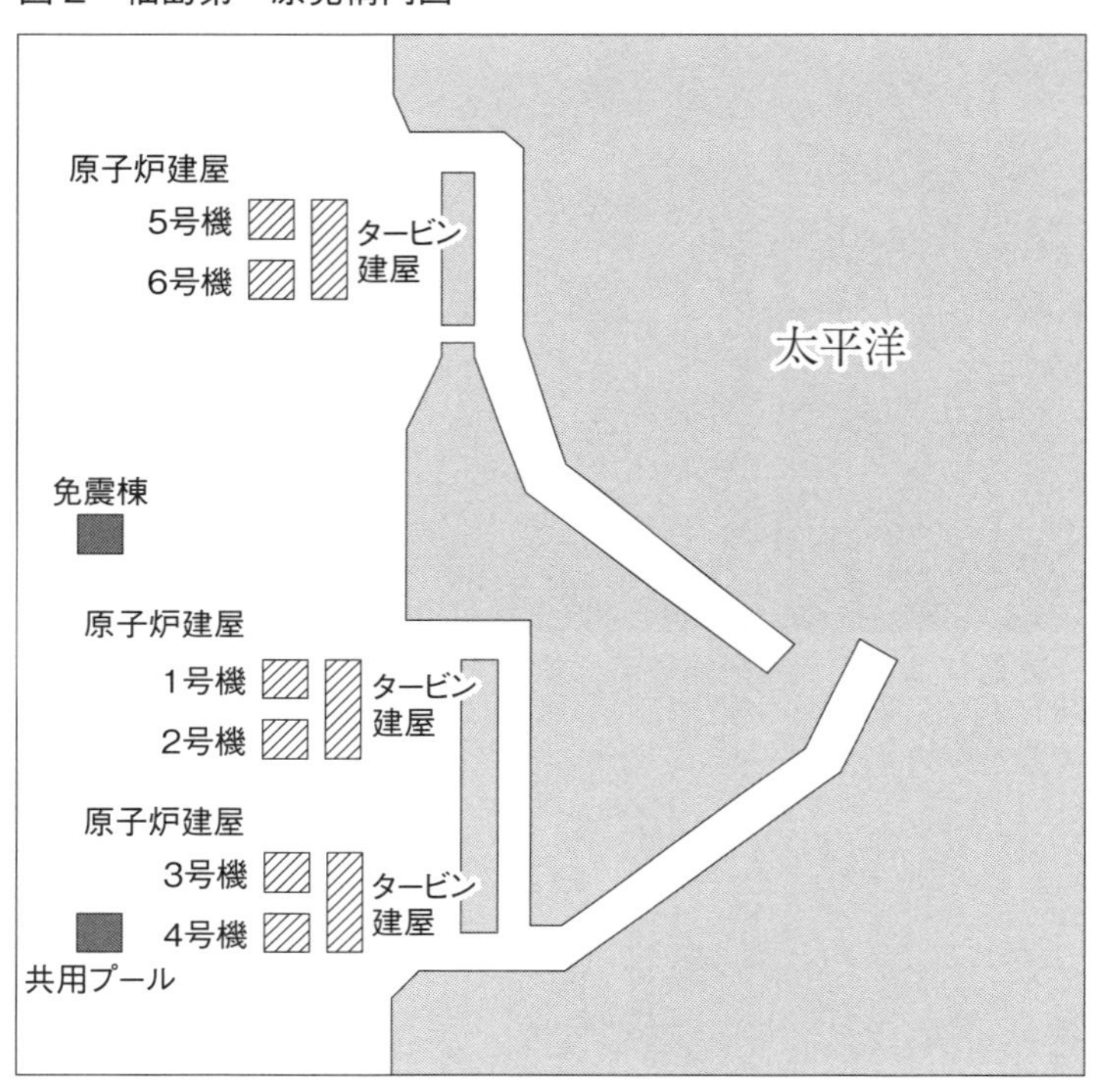

が担当してしまうと、被曝限度（二〇一一年度年間五〇ミリシーベルト）を超えてしまう恐れがある。そこで東京エンシスでは、「誰もやりたがらない」（作業員）高線量エリアの作業を請け負ってくれる会社をほかから探し、そうして発注した一社がビルド社だった。

ビルド社は多少無理してでも原発での仕事の請け負いを増やしたかったのではないか。それが高線量エリアでの作業という〝特攻隊〟的な仕事につながり、ＡＰＤの偽装を呼び込んだ可能性は高い。

では、鉛カバーでＡＰＤの受ける放射線はどのくらい変わるのだろうか。理論上[注]は厚さ五㎜の鉛で半分になるといわれており、私も自作して試したことがある。厚さ〇・二五㎜の鉛板を二重にし、ＡＰＤを収納する収納袋に巻きつけたものをしばらく現場で使ってみた。すると約三割程度の低減効果が出た。〇・五㎜程度でも、胸ポケットに入れたＡＰＤがずっしりと重く感じる。厚みのある鉛を使えばさらに効果が高まるだろうが、作業性を考えると現実的ではないだろう。

東京エンシスの調査にたいして、ビルド社の作業員は鉛カバーは一日しか使わなかったと話している。思ったよりも現場の線量が低く、しかもカバーの使い勝手が良くなかったためという。それが本当なら、作業員にとっては不幸中の幸いだ。

ＡＰＤ偽装はよくあることなのか。私はそうは思わない。ただ、１Ｆで長く働きたいために、個人で同様のことをしている作業員はいるかもしれない。「あの人の線量計の値はいつも低い。どこの現場に行っても同じ線量だ」そういったウワサ話はたまに聞く。ＡＰＤは防護服の中に着る下着の胸ポケットに入れるため、表から見えない。作業現場に持っていかなくても確かめようがないのだ。

だが、ＡＰＤ偽装が上司からの指示で、それに従わないと働けないというのでは言語道断。作業員を物扱いしているとしか思えない。雇用主はもちろん、東電も国も最大限の保護をするのが当然だろう。

注　半価層：γ線のエネルギーが半分になる厚さを半価層といい、鉛では〇・五MeVに対して五㎜である。

No. 3

こちら双葉郡福島第一原発作業所第3回

二〇一二年八月二十七日

防護服の中は蒸し風呂同然！　1F作業員の暑くてキケンな夏

夏本番を迎え、福島第一原発の作業員を襲う敵は放射線だけではない。もうひとつの敵、それは熱中症だ。

連日のように摂氏三〇℃前後の高温に見舞われている現場では、熱中症で倒れる作業員が相次いでいる。寝不足、朝食抜きなどが熱中症を誘発するといわれるが、一番の原因はやはり作業員の重装備だ。体を守るための道具が皮肉にも熱中症の原因をつくっている。

作業員が現場に出る際、どんな装備を身につけているのか。まずパンツ一枚になり、長袖シャツと股引を着用。次に靴下。これは軍足を二枚重ねにする。そして、その上から防護服はポリエチレン繊維の「タイベックスーツ」が有名で、報道などで出てくる白い作業着はたいていこれだが、通気性を高めたメッシュタイプもある（ちなみに、防護服自体に被曝を防ぐ性能はない）。

手には綿手袋をはめ、その上から放射線防護性能を持ったゴム手袋を二重につける。汚染する危険性の高い現場では三重、四重にすることもある。作業内容によってはその上から軍手。ゴム手袋を装着したら、防護服と重なる部分をテープで巻いて密封性を高める。

頭にはつばのない布製の帽子をかぶり、顔をすっぽりと覆う全面マスクを装着する。このマスクには口元にフィルターがついていて、放射性物質の吸い込みを防いでくれる。防護服についているフードと全面マスクの隙間をテープで目張りして放射性物質が入り込まないようにする。最後にヘルメットをかぶり、靴を履いたらようやく終了。現場によっては、さらに放射線防護用の厚手のかっぱを着たり、被曝低減効果があるタングステン製のベストを装着したりする。

今の時期、この装備で外に出ると、天候に関係なく防護服の中は蒸し風呂状態になる。私も作業中には汗が吹き出し、全面マスクのシールドに次々と落ちる汗が視界を狭める。下着はあっというまに汗を吸い込み、脱水前の洗濯物のように重い。手袋の中には逃げ場のない汗が大量に入り込み、外したときにいつも滝のように流れ落ちてくる。全面マスクによる息苦しさと現場で水分補給ができない状況が重なり、熱中症や脱水症を発症することになる。

作業中に、だるい、頭痛がするなどの声を毎日のように聞く。だが、たいてい我慢して作業を続けてしまう。というのも、熱中症患者を出すと、その元請け会社は東電に「お詫び状」を書く上に、役所への報告やプレス発表を行うことになる。そのため、作業員には「これ以上、絶対に熱中症患者を出さないように」との指示が下るのである。これでは、いくら「気分が悪くなったらすぐＥＲ（救急医療室）へ」と言わ

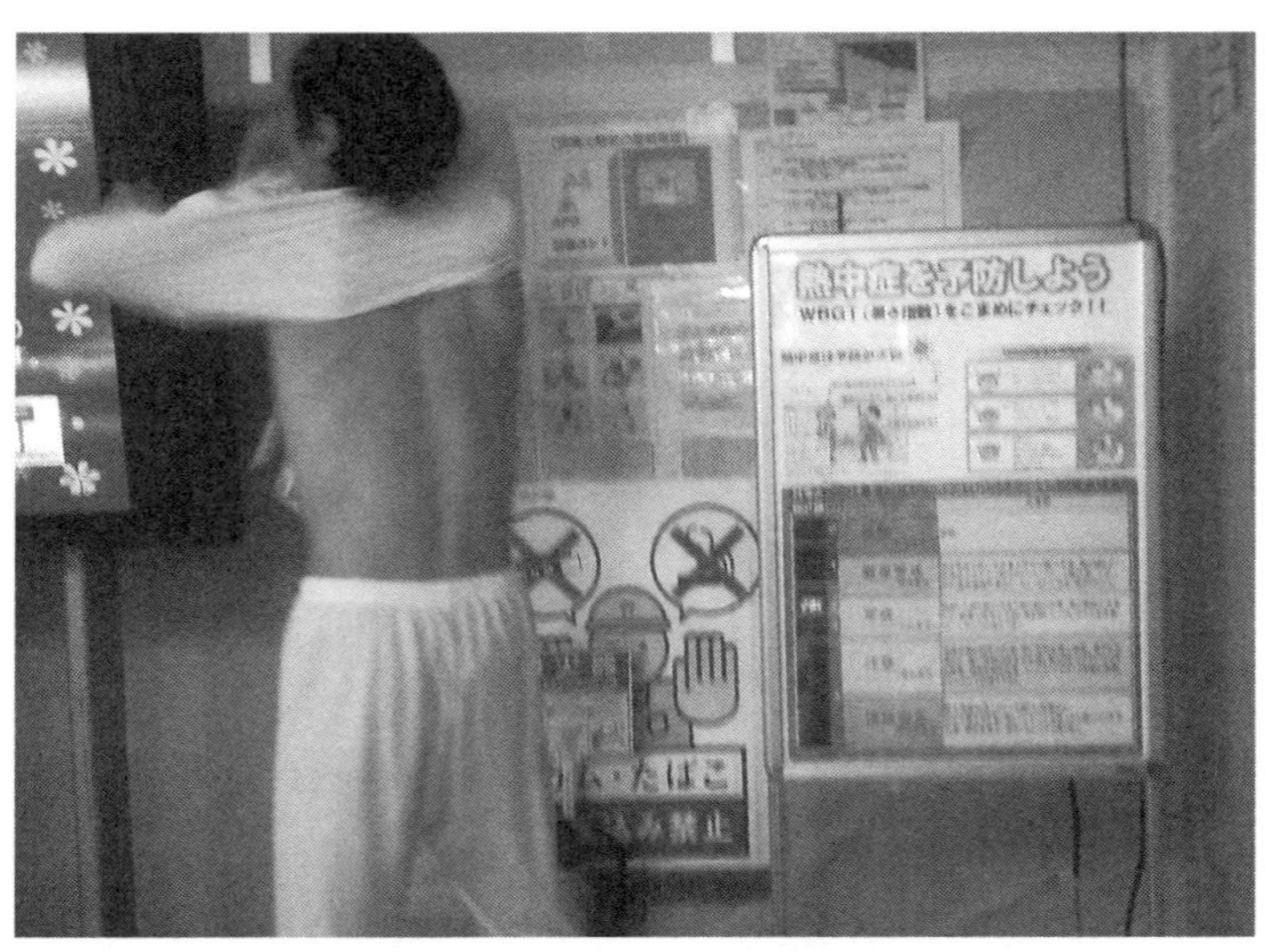

作業を終えて着替えるとき、支給品の下着はびしょ濡れだ。パンツは自前のため、なかにはノーパンで作業する猛者がいる。

れても行けない。熱中症患者が出ると東電はその協力企業を締め付け、そのしわ寄せは末端の作業員へいく。この構図は労災隠しに似ている。

今のところの対策は、夏時間の採用や「クールベスト」の装着ぐらいしかない。七月から九月末までは始業時間を一時間早め、なおかつ午後二時から五時までの作業は禁止とした。いくらか涼しい朝六時から八時頃に作業を始め、昼前には終えることになる。保冷材で体を冷やすクールベストの装着も環境省発表の「暑さ指数」が二五℃以上の場合は着用が義務となり、効き目のある初めの一、二時間は多少楽になった。

やはり一番の予防策はこまめな休憩と水分補給だが、工期に追われる収束現場ではそうもいかないことがある。免震棟以外にも休憩所は増えてきているが、それでも、広い1F構内を移動し、身体汚染検査や着替えを済ませて休憩に入ると、すぐに一時間くらい過ぎてしまう。作業が遅れている現場などでは、つい休憩を省いて進めてしまおうとするのだ。

1F作業員の危険な夏は続く。

No. 4

こちら双葉郡福島第一原発作業所第4回

二〇一二年九月三日

八月だけでも二例も発覚！　作業員の線量計未装着の理由とは⁉

福島第一原発（1F）で線量計（APD）を装着しないまま作業を行った事例が次々と発覚している。下請け会社の少なくても五人の鉛カバー装着が発覚したのが先月（七月）。その後も、今月三日と十日に、それぞれ別の会社の作業員がAPDをつけ忘れて作業現場に向かったことが明らかになった。

これだけ続くと、本当はもっとたくさんあるのではないかと思われても仕方がない。故意か過失かはともかく、あってはならないはずのAPD未装着がなぜ次々と起きるのか。それは震災以後つけ忘れをチェックする態勢がなくなってしまったことが大きい。

現在の1FでAPDを借りる場所は、1F構内の免震棟と、1Fから二〇㎞ほど離れたいわき市にある仮の入退域施設「Jヴィレッジ」の二カ所。どちらで借りるかは、おおむね元請け会社ごとに決まっている。

Ｊヴィレッジの借り場所は、１Ｆ行きのバス乗り場へ向かう通路出口付近にある。通路の両脇に机が並び、ここで係員にＩＤなどをスキャンしてもらい、作業指示書に書かれた線量設定値（その日の被曝の上限値。これに近づくとアラームが鳴る）を告げてＡＰＤを借りる。ただ、借りなくても不審がられることはない。免震棟でＡＰＤを借りる作業員たちはここを素通りするからだ。

十日に起きた未装着はこのパターンだ。作業員がＪヴィレッジで借り忘れ、そのまま作業したのだという。うっかりかどうかはともかく、こうしたつけ忘れを防ぐ仕組みは現状ではとられていない。

ＡＰＤを免震棟で借りる場合も、借り忘れを防ぐための仕組みはない。入り口から廊下を歩くとＡＰＤを貸し出す部屋がある。作業員は朝、ここには立ち寄らず、まず一階奥にある自分の元請け会社の詰め所に行く。そこでその日の設定値を確認した上で、本人か作業班の代表者が貸し出し部屋まで戻り、ＡＰＤを借りる。三日の未装着は、この作業を省いて現場に出てしまったというものだった。

未装着をふせぐため、いくつかの対策が始まった。ミーティングでＡＰＤ所持を確認する。また、免震棟から作業現場へ向かう出口に確認要員を配置し、下着の胸ポケット周辺を触りながら、装着を確かめるというものもそうだ。

こうした対策はうっかり防止には一定の効果があるだろうが、故意に対しては無意味だ。ミーティングを終えてから現場に出るまでの間に、ＡＰＤを取り外して隠してしまえばチェックしようがない。ＡＰＤの代わりにポケットに同じ大きさの箱でも入れておけば、出口付近の係員は気づかないだろう。実際、係員が私の携帯電話をＡＰＤと勘違いしたことがあった。

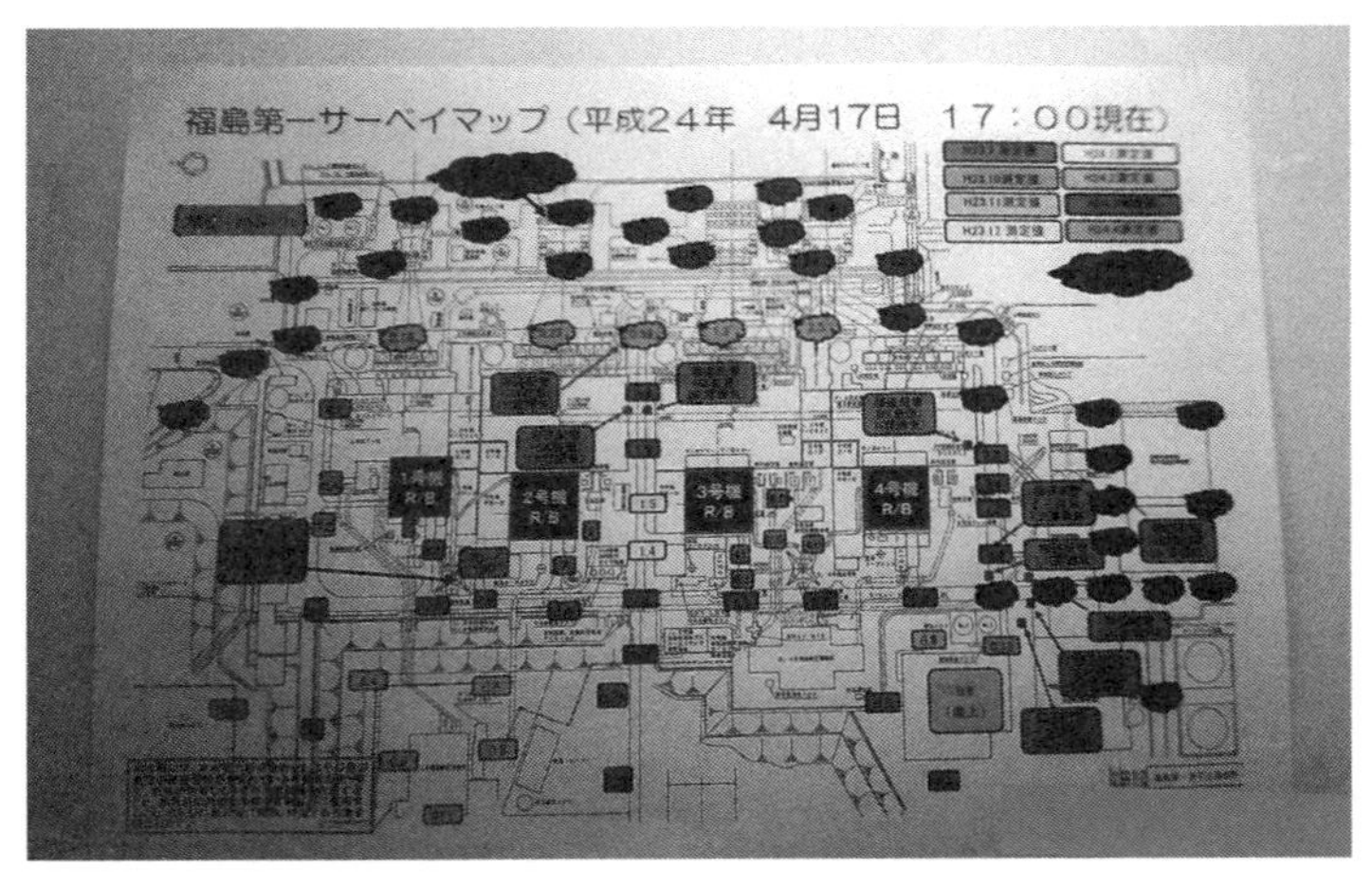

免震棟に張り出された１Ｆ構内の線量マップ。高い線量の場所はまだ多くあり、それがＡＰＤ偽装の要因となる。

直接ＡＰＤを取り出して係員に見せたらどうかと思うだろうが、作業員の重装備を考えると現実的ではない。全面マスクと防護服の襟の部分を塞いだテープを外す必要があるからだ。

防護服の上から放射線防護用のカッパでも着ていたら、ナイフなどで切り裂かない限りＡＰＤは取り出せない。

東電は十月から高線量作業現場を中心に、ＡＰＤが見えるよう装着部分をビニール製にした防護服を採用することに決めた。これなら装着防止に威力を発揮するだろう。

だが、こうした対策よりもきちんと考えるべきなのは、作業員がＡＰＤを身につけない理由のほうだ。高線量現場を担当すれば、元請けが定める年間一六～二〇ミリシーベルトの被曝上限（国が定める上限は年間一〇ミリシーベルトだが、企業は独自に上限値を定めている）を二週間ほどで使い切ってしまい、あとはお払い箱になる。これでは被曝隠しに走る作業員が出ても不思議はない。

上限に達しないよう人員をローテーションさせ、上限に達した場合も十分な所得保証を行うことが必要だ。そうしないと今後も同様の事例は出てくるだろう。

No. 5

こちら双葉郡福島第一原発作業所第5回

二〇一二年九月十日

本人確認はほとんどなし！　テロも容易な1Fセキュリティ

今年三月に韓国で開かれていた第二回核セキュリティサミットには五三カ国が参加し、各施設などを標的にしたテロリズムの攻撃からどうやって安全に守るかが議論された。核不拡散と同様に、核セキュリティは今や世界的な関心事だ。

世界中の原発を見渡して、核テロの脅威に最も晒されているのが福島第一原発（1F）。地震と津波、原子炉の爆発で大半の設備が壊れてしまったことからスキだらけで、テロに狙われたら危険極まりない状態に陥っている。

一例を挙げると、1F構内への入退域の甘さがある。作業員や東電社員などが1Fに入るには、二〇kmほど離れたJヴィレッジで防護服に着替えた後、バスや車に乗った状態で同施設の出口でチェックを受けなければならない。このとき、写真付きのＩＤカードを警備員に見せる。

だが、窓越しに一瞬確認するだけで、ほとんど本人確認はできていないといってよい。何しろ、バスなら下から仰ぎ見る形になる上、四〇人ほど乗り込んでいる作業員は防護服やマスクで顔や頭を覆っている。とりわけ通路側や補助席に座っている人のカードの詳細などわかるはずもなく、せいぜい東電が発行するものと同じ体裁かどうかを見分けるぐらいのだろう。これでは他人のＩＤカードを使ったり、偽造したものでも見破ることは不可能だ。

驚くべきことに、１Ｆに入る人間が誰かを確認するためのチェックポイントはここしかない。この後に通る警戒区域の入り口にある警察の検問は、東電が発行する通行証と運転免許証があればフリーパス。いよいよ構内に入るときには、車両用の入構証があればＩＤも見せずに入れてしまう。「その人間が誰か」はお構いなしだ。

そして恐ろしいことに、荷物チェックはどの場所でも一切行なわれない。もし作業員が良からぬ物を積み込んでいても、素知らぬ顔をして１Ｆ構内に潜り込める。さらにここから重要なのだが、偽りの入構証を持った部外者が同じことをしようとしても、実はできてしまう。本当に実行する者が出てこないとも限らないのでその方法を詳しく述べることはしないが、特定の場所に止めてある車両を使えばあっけないぐらい簡単に１Ｆに入ることができてしまう。もちろん、この方法を使っても荷物検査はないので、銃器だろうが爆弾だろうが、なんでも持ち込める。

このことは、テロリストが４号機に使用済み燃料プールを吹っ飛ばせる威力を持つ時限爆弾を仕掛けようとした場合、作業員に扮して楽々と実行できることを意味する。放射線量の高い原子炉建屋周辺に常駐

柵は倒れ、監視カメラは壊れたまま。１Ｆのセキュリティはお寒い限りだ。

の警備員などいない。

監視カメラも壊れているものが多い。手引きする人間がひとりいれば、爆弾を仕掛けてそのまま逃げおおせる確率は格段に高いだろう。

正面以外から入る方法もある。

広大な敷地と外部はフェンスで隔てられているが、それも高さにしてわずか二ｍ程度の金網や鉄柵にすぎないし、それらは損傷を受けているものも多い。外部からの侵入者は監視カメラやアラームで発見するというが、本当に機能しているのか疑わしい。どこから侵入したのか1F内に動物が迷い込んで住んでいるのは有名で、私も作業中に構内をふらつく白い犬を見たことがある。

ちなみに、セキュリティシステムを納入しているのはイスラエルのベンチャー企業「マグナＢＳＰ」で、日本の政府機関を通じて国内の原発各所に設置しているという。

野田首相は三月の核セキュリティサミットの中で、

テロ対策として「人的警備体制の強化、施設で働く者の信頼性確認の検討、原発重要設備の防護強化」などを推進すると述べた。だが、ここに至っても現場のセキュリティ体制はお粗末な限り。官邸と東電の危機意識の欠如はどうしようもない。

No. 6

こちら双葉郡福島第一原発作業所第6回

二〇一二年九月十七日

刑務所出身も珍しくない⁉ 原発作業員はどんな人たちなのか？

原発作業員はどんな人たちなのか。収束作業が頻繁にマスコミに取り上げられるのとは裏腹に、現場で汗を流す彼らがメディアに登場することは少ない。今回は、福島第一原発（1F）の作業員について触れる。

現在、1Fで働く人たちは約三〇〇〇人。事故後に一度でも働いたことのある人を含めると、合計で二万人を超えた。

年齢層は二〇代前半から六〇代まで幅広く、地元を中心に全国各地から集まっている。もともと原発作業員は定期点検ごとに全国を渡り歩く人が多く、「原発ジプシー」という言葉もあるほどだ。Jヴィレッジに止めてある車のナンバープレートを見ると、全国津々浦々の地名が並んでいる。

エンジニアや元請け企業の現場監督などを除けば、大方の作業員はガテン系（肉体労働者）そのもの。高校を卒業してから現場系の仕事一筋という人たちが多い。東電社員と作業員それぞれのバス待ちの列を見ると違いがわかる。サラリーマン風の髪型、銀縁メガネ、おとなしそうな顔つきをしているのが東電組。短髪、コワモテ、ひげ、ガタイのいいやつらが集まっているのが作業員組だ。

作業員には、昔ヤンチャしてたという人が多く、彫り物も目にする。私が休憩所でよく顔を合わせる親方の利根川さん（仮名）もそのひとりで、肩から腕にかけて入れ墨が入っていた。やくざ映画に出てきそうな、いかつい風貌をし、免震棟で初めて会ったとき、『全国刑務所大全東日本版』という冊子を手元に置いていた。私が手に取ると「懐かしいのかい？」とニヤリとされたのを覚えている。

男ばかりの職場だから、シモネタも遠慮なく飛び交う。疲れた表情をしていると「ヤリすぎたんだっぺ」と冷やかされ、冷やかした本人が体験談を語り出す。免震棟で人気のある雑誌は、ヌードやグラビア写真が多く載っている実話系の週刊誌や『ジャンプ』『ヤングマガジン』といったコミック誌で、残念ながら週プレはなかった。

作業員たちの話題の中心といえばパチンコ。仕事を終えた後や休日の唯一の楽しみといってもよく、そのために働いているのではないかと思えるほどだ。どこそこの店のイチパチやヨンパチがどうしたこうしたと連日聞かされているうちに、パチンコをやらない私も少しは詳しくなった。

私の周りにいる人たちは、一回行くと四万円は使ってしまうという。それでも玉が出ていればいいが、大半は負けた話だ。被災地のパチンコ屋は今や大繁盛というが、それも理解できる。

何かにつけていいかげんな人たちだが、仕事となると人が変わり、現場で声を荒げることも珍しくない。

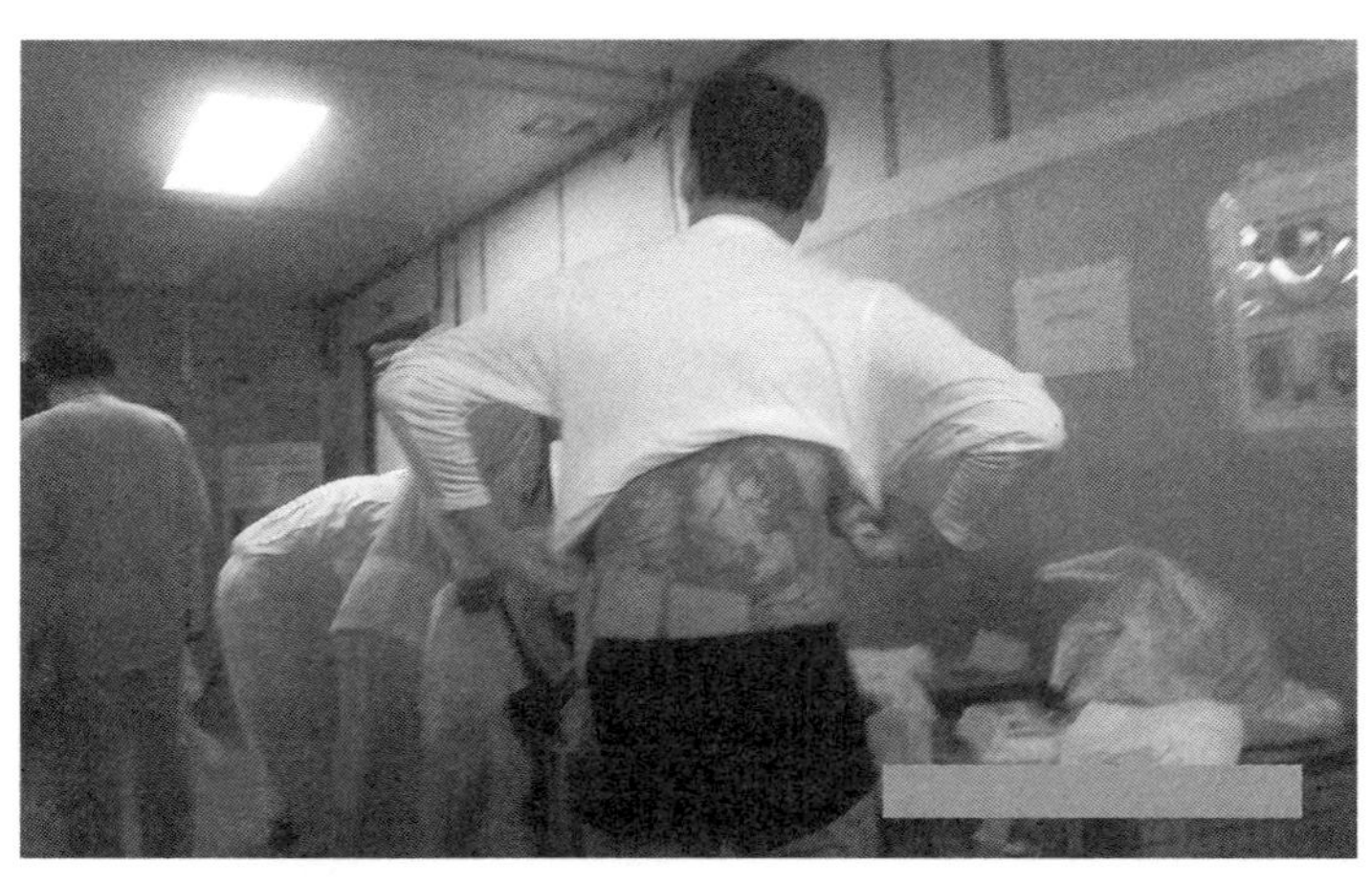

着替える途中の作業員。腰を悪くしたのだろうか。湿布を貼っている。彫り物が入った人は、私の感覚では20人に1人ほどだ。

それに、ガテン系の職場はいまだ師弟関係が強くて親方の言うことに逆らえないから、下の人は大変だ。黒いものでも親方が白と言ったら白になる。それが嫌なら会社を辞めるしかない。

作業員を対象とした原発の入所教育で企業コンプライアンスを問う問題がでたとき、作業員の多くは不正解の「間違っていても上司の言うことは聞かなくてはいけない」にマルをつけ、東電の講師を嘆かせたことがあった。それだけ厳しいタテ社会がここにある。狭く囲われた中で常に上や周りを見ながら仕事をしていく姿は、原子力村を象徴しているようだ。

ただ、かわいそうなのは作業員のなかにも被災者がたくさんいることだ。同僚の富岡さん〈三九歳、仮名〉は1Fの近くに家を買ってから一年で震災に見舞われ、今も家族別れ別れの生活を強いられている。この先、いつ家に帰れるのか。家のローンはどうなるのか。東電から補償金をもらえる立場だが、不安は尽きない。

「こんな迷惑をかけられた東電を許すつもりはないですね。だけど、福島の田舎で食っていくためには、やっぱり原発は必要なんです」

彼の発言が、私に強く刺さった。

No.　7

こちら双葉郡福島第一原発作業所第7回

二〇一二年九月二十四日

八月の給料は五万円減⁉　作業員の賃金について（前編）

被曝の危険を冒して働く福島第一原発（1F）の作業員はたくさん給料をもらっていると思っている人も多いはずだ。だが、実態は給料の多くをピンハネされ、危険手当さえもらえない人たちもいる。それを理解するためには、原発の複雑な多重下請け構造と、そこで働く作業員の待遇を知る必要がある。

まず多重下請けについてだが、原発には東電を頂点としてピラミッド型に下へのびていく下請け構造がある。原子力発電所を所有し、そこで発電した電気を顧客に販売するのは東電。一方、発電所設備の点検や修理作業は「協力企業」と呼ばれる会社が行う。

東電は必要な工事があると協力企業を対象に入札を行い、落札した企業が元請けとして工事を進める。ちなみに、作業員たちがよく東電のことを「お客」と呼ぶが、これは自分たちが所属する協力会社が東電から仕事を受注しているためだ。

協力企業は数百社に及び、元請けには日立GEニュークリア・エナジー、東芝、鹿島建設、大成建設、IHIといった名の知れた大手企業や、東電のグループ会社が名を連ねる。その数は四〇社近く。元請けの下に、一次下請け、二次下請け、三次下請け……という形で中小企業や地元企業などが入り込み、原発下請け構造を構成する。いったい何次請けまであるのか。原発労働者問題に詳しい渡辺博之さん（共産党、いわき市議）は、「東電は三次下請けまでを認定業者としているが、実際にはその下にも非認定業者が連なっている」と話す。

下請け企業には、建設、機械設置、電気工事などの専門業者と同時に、専門を持たない単純労働者を派遣する、いわゆる〝人夫出し〟と呼ばれる形の会社もある。階層が下がるほど下請け企業の規模も小さくなり、従業員一〇人以下の会社も多い。〝ひとり親方〟と呼ばれる個人で独立した作業員を会社で雇用しているように見せかけていることもある。

こうした多重構造は、仕事の需要変動に対応しやすいことから始まったといわれる。仕事が増えれば下請け企業を使い、なくなれば契約を打ち切る。正規社員を抱えるリスクがない分、コストがかからない。一見すると合理的だが、作業員の雇用は不安定になってしまった。労働者派遣法では雇用の安定を目的に、建設業務での労働者の派遣を禁じている。だが実際の現場では、多重派遣や偽装請負といった違法行為がまかり通ってしまっている。

需要変動の影響をまともに受ける下請けでは、下にいくに従い作業員の待遇も悪くなる。

元請け企業で働く人たちは正社員として雇用され、月給制で社会保険にも加入している場合がほとんど。だが、下請け企業ともなると中小零細が多いことも手伝い、働いた日だけ給与が支給される日当制で雇用される人が多い。

こうした場合、社会保険や有休休暇制度もないし、労働組合などもちろんない。会社の言われるままに働き続け、ケガや病気で働けなくなれば、何の保証もなくお払い箱になる。「弁当とケガ（の治療代）は自分持ち」という言葉があるくらいだ。

私の周りにいる作業員もほとんどが日当制で雇われているため、年末年始、ゴールデンウィーク、盆休みなどの連休は体を休められてうれしい反面、給料が減ってしまうジレンマに陥る。この盆は九連休（平日五日を含む）だった元請けもあったから、仮に日当が一万円なら八月分の手取り額は五万円減ってしまう。ボーナスがあるわけでもないから、多くの作業員にとっては少なからず痛手だ。

さて、ここから肝心の日当の話に入る。いったい作業員はどれくらいの日当をもらい、どこでどれだけピンハネされているのか。金の流れは後編で説明したい。

No.　8

こちら双葉郡福島第一原発作業所第8回

二〇一二年十月一日

ピンハネ横行！　作業員の賃金について（中編）

「それでは一万円からスタートします」

私が福島第一原発（1F）で働き始めた時に所属会社から提示された日当は、この金額だった。それまで宿代、交通費、三食付きで日当一万一〇〇〇円の工事現場で働いたこともあり、提示された金額はずいぶん安く感じた。

月曜から金曜まで働き、月収は二〇万円から二二万円ほど。ここからアパート、食事、携帯、ガソリン代などを支出しなければならない。

ひょっとして、こんなに安く使われているのは新人の私だけかと思って周りを調べてみたが、中堅作業員でも日当は三〇〇〇円ほど高いだけだった。稼ぎ頭の親方になると少し良くなるが、それでも、一万七〇〇〇円ぐらいのようだ。逆に、二〇代半ばの作業員は私より安いという。健康被害のリスクを冒して働くのに、こんな低い賃金しかもらえないなんて、わりに合わないと思うのが普通の感覚だろう。

作業員の賃金が低いのは中間搾取、いわゆるピンハネが横行しているためだ。前回、説明したように、1Fで工事を行なう協力企業は数百社あり、元請けを頭に幾重にも連なる下請け構造ができている。それぞれの会社が作業員の日当から一定額を差し引いているので、末端の作業員へ行き着く頃には東電が支給した金額の大半は吸い取られてしまう。

私が複数の関係者から聞いた話では、東電は作業員ひとりにつき六万から八万円前後の日当を元請け企業に支払う。元請けは、そこから五～六割程度抜いた残りを一次下請けに支払う。同様にして、二次下請け、三次下請けと進むうちに日当は目減りし、作業員に行き渡るのはわずかな額となる。

搾取と書いたが、社員を抱えている会社なら源泉所得税や住民税を支払い、工事を進めるためには保険などの経費も必要となる。それらも含まれているから全部がピンハネとまでは言わないが、それでも東電が支払った金額の八割ほどが途中で消えてしまうのは、やはり異常なことだ。

長年続くこうした構造に誰もメスを入れず、原子力ムラの企業は今も利益を上げ続けている。その証拠に、東電御三家と呼ばれるグループ企業の平成二三年度の売上高は、震災にもかかわらずいずれも前年度を上回った。

東電工業の平成二三年（二〇一一年）度売上高は六七八億円（二二年度六五五億円）、東京エネシスは同六〇七億円（同四八億円）、東電環境エンジニアリングは同三八四億円（同三三七億円）。事故収束作業などが大きな理由だろうが、理由はなんであれ、震災後にこれら元請け企業が潤っていることは確かだ。

ピンハネのもうひとつの弊害は、暴力団関係者が入り込む隙を与えることだ。元請けになるためにはそれなりの規模と実績が必要だが、下請け企業は下へいくほどチェックも緩く簡単に入り込める。

誰彼構わず集めて原発に人を送り込むだけで利益が得られるおいしいシノギを彼らが黙って見ているわけがない。事実、稲川会系暴力団の組長が実質的に経営する建設会社が1Fに作業員を送り込み、日当の半分をピンハネしていたことが今年四月に明らかになった。私の職場でも、作業員を送り込まれずに名義だけ下請けとして入り、日当の一部を抜いているペーパーカンパニーがあった。同様の事例はまだあるだろう。

幸いなのは、最近になって東電や元請け企業が協力企業の請負形式や作業員の雇用形態などをかなり厳しくチェックするようになってきたことだ。線量計鉛カバー事件で労働基準監督署の調べが入ったため、重い腰を上げ始めたのだ。

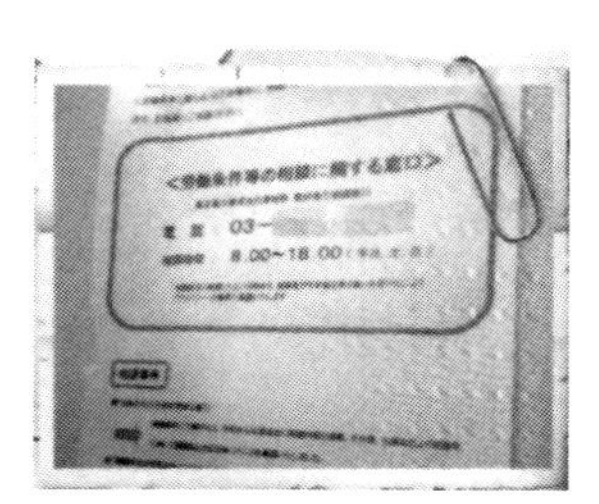

免震棟に貼られている、東電の専門相談窓口の案内。作業員が約束の日当をもらえない場合などに相談できるというが……

さて、ここまで読んで「危険手当」どうなっているのかと思った方もいるだろう。事故直後から1Fで働いているにもかかわらず、いまだに危険手当をもらっていなかったり、ピンハネされた同僚はたくさんいる。次回はそのあたりを説明する。

No. 9

こちら双葉郡福島第一原発作業所第9回

二〇一三年十月八日

最大四万円（一日）の危険手当はどこへ？　作業員の賃金について〈後編〉

前回、賃金のピンハネの話を書いたが、危険手当にも同じことが当てはまる。むしろ、こちらのほうがひどい。

危険手当は震災後から支給され始めた特別手当のことで、放射線が飛び交う福島第一原発で作業をする見返りとして、通常単価に上乗せする形で東電が支払うもの。それがきちんと作業員に行き届いていないという話をあちこちで耳にする。所属する会社によって、全くもらってない人、半額に減らされた人などさまざまだ。

私が話を聞いた、メーカー系列の四次下請けで働く小川さん（仮名）は、二次請けの社長から、昨年十二月分までの危険手当として一二〇万円が自分に支給されたことを聞いた。ところが実際に本人の手元に入ったのは五〇万円そこそこ。七〇万円が消えてしまった。税金分は差し引かれたとしても一～二割のはずだ。残りはどこに行ってしまったのか。

小川さんは、二次下請けの社長と自分が所属する会社の社長から、それぞれの会社に支払われた金額入りの書類を見せてもらったところ、支給額に間違いはなかった。ということは、三次下請けの会社が吸い取ってしまったのだ。

この三次下請けの会社は、現在進行中の支払いでもめている。小川さんが働くメーカー系列では、具体的にはそれぞれ会社がいくら下請けに支払ったかを明示し、書類を見ればどこでどれだけ差し引かれているかわかるようにした。作業員がその書類に印鑑を押さない限り、支払いが終わったことにはならない。だが、この会社はグループの方針に異を唱える。それが通らないとわかると、今度は危険手当をそのまま支払う代わりに給料分の単価を下げると言ってきた。

身の危険を冒して働いた手当さえまともに支給されない現実に、小川さんは「もう原発は嫌になりました」と肩を落とす。

こうした話は特殊な例ではなく、危険手当をいまだに受け取っていない作業員は大勢いる。不安から休憩所でも頻繁に話題になるぐらい、諦め顔の人もいれば、法に訴えると息巻く人もいる。

そうしたひどい現実にも、東電はまるで頼りにならない。東電は元請け企業と契約しているのだから、それ以外の契約下にある企業に口出しできないというのだ。「危険手当が作業員に行き渡るよう、元請け企業には常にお願いしている」と繰り返すだけだが、お願いだけで解決する問題ならピンハネはとっくになくなっている。解決策は、東電が危険手当の流れを透明化するように元請けに指示し、悪質な下請け業者

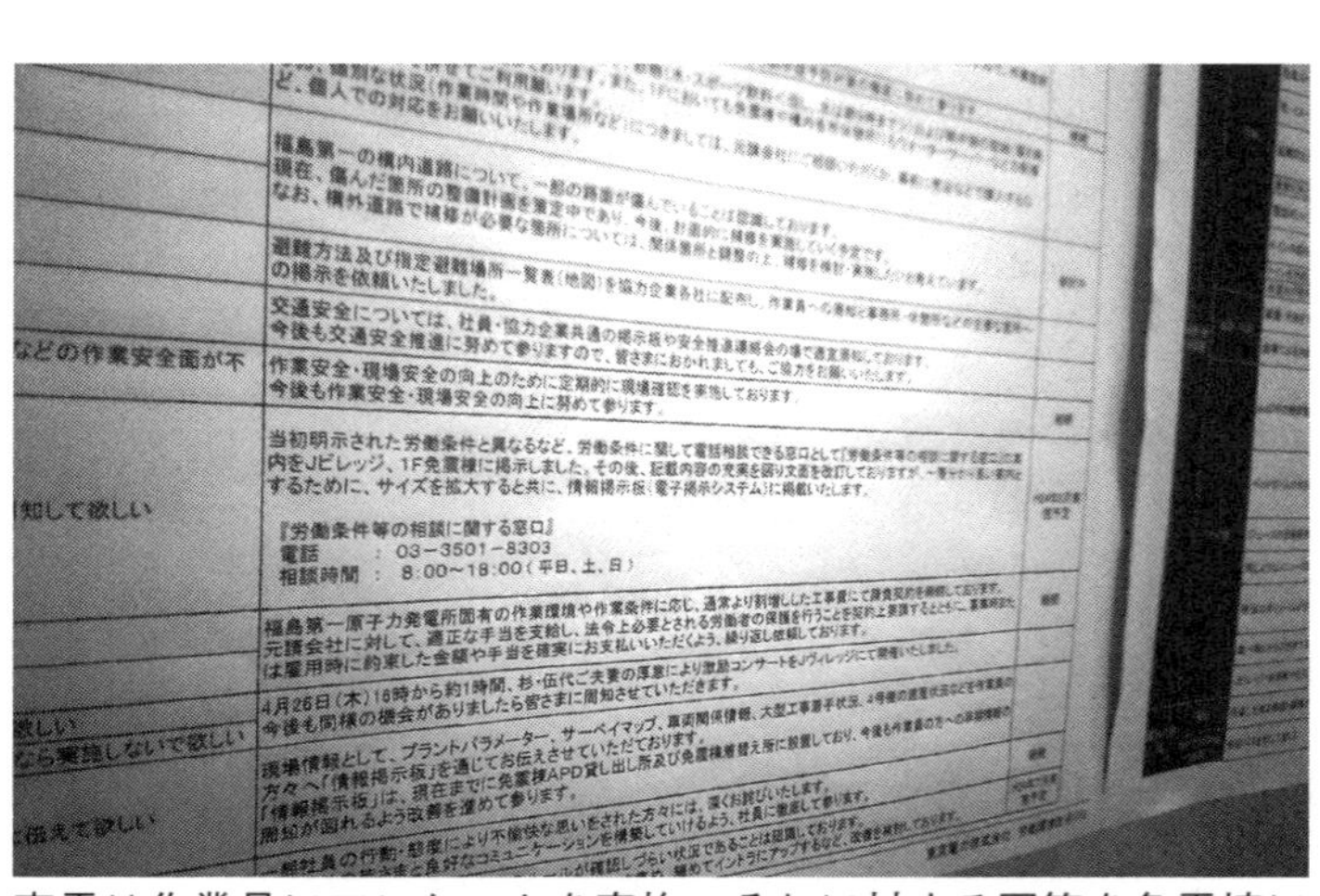

東電は作業員にアンケートを実施、それに対する回答を免震棟に張り出しているが、実効性のあるものはあまりない。

は元請けを通じて契約解除を迫ること。暴力団排除の取り組みでやったのと同じことをやればよいだけだ。

そもそも東電は、危険手当を支払っていることさえなかなか明らかにしなかった。今年三月のいわき市議会で、渡辺博之氏（いわき市議・共産党）の質問をきっかけに「危険手当は線量、時間を踏まえて割増などの単価として示し、これからも必要な経費としていく」とようやくみとめたぐらいだ。

渡辺氏は、「危険手当を契約単価に見積もりながら公表してこなかったのは、危険手当さえピンハネする元請けや孫請けなどを擁護し、温存を図りたかったのではないか」という。

関係者によると、東電から元請けに支払われている危険手当（日当ベース）は、原子炉1〜4号機内の作業で四万円（ただし四時間未満の作業では二万四〇〇〇円）、野外作業で二万円、事務棟など建屋内作業で五〇〇〇円だと言われる。

野外で一年間働けば危険手当だけでも五〇〇万円。

ここから税金を引いたとしても、日当を合わせた年収は六〇〇万から七〇〇万円になる。今、三〇〇万円そこそこの年収が倍になれば仕事に対するやりがいも出てくるだろうし、もっと人も集まってくるのではないだろうか。

No. 10

こちら双葉郡福島第一原発作業所第10回

二〇一二年十月十五日

燃料プールに鉄骨落下！　1Fで事故が頻発する理由

福島第一原発（1F）3号機の使用済み燃料プールに、長さ約七m、重さ約四七〇kgの鉄骨が落ちる事故が起きた。撤去作業のためにクレーンで鉄骨を吊っていたところ、つかみ損ねてプール内に落下してしまったという。

原子炉や燃料プールに物を落とすと、重大事故につながる危険性がある。落下物を引き抜く作業も大変だ。二〇一〇年に高速増殖炉もんじゅで炉内中継装置が落下したときには引き抜きまで一〇カ月かかり、約一七億五〇〇〇万円を費やした。担当課長の自殺という悲劇まで生んだ。

今回に限らず、1Fでは一般の工事現場では考えられないような事故や災害が起きることが多い。八月に起きた原子炉冷却水の注水レベル低下は、配管を加工する際に出る削りカスが詰まったのが原因だった。

同じ月に発生した作業員が架台車から三ｍ下に落ちて手足を骨折した事故、架台車上の作業員の動きをよく確認せずに台車を動かしてしまったからだった。

なぜ単純なミスが多発するのか。原因はふたつある。ひとつは、極めて特殊な環境下での作業であること。もうひとつは、作業に従事する人たちに未熟練工が交ざっていることだ。

１Ｆの原子炉内には、わかっているだけでも毎時七〇シーベルトという超高線量のホットスポットが存在する。人間が近づけない場所でもガレキを取り除き、放射線が飛ばないようカバーリングを行ない、燃料プールに保管されている燃料棒を取り出さなくてはならない。

どうするか？　ロボットや機械に頼るのである。燃料プール内に鉄骨が落ちた3号機には、鹿島建設が開発した無人化システムが配備され、八台の無人解体用重機と二台の無人大型クレーンを使ってのガレキ撤去が始まっていた。

光ファイバーと無線ＬＡＮで、重機と五〇〇ｍ離れた遠隔操作室をつなぎ、モニターを見ながら重機を動かす。今回の事故もおそらく不慣れからくる操作ミスだろう。実際のつり荷を目の前に見て、荷物近くにいる合図者と呼吸を合わせながら作業をするのと、二次元の映像だけを見ながら操作するのでは感覚がまったく違うはずだ。事実、事故の動画を見ると、クレーンの油圧フォークが鉄骨に当たり、その直後に燃料プールに落ちている。

雲仙普賢岳の除石工事などでも無人化重機は使われたが、オペレーターが重機を見通せる場所からの操作だった。つまり、現場が見えない状況で作業をするのは今回が初めてといってよい。

作業員に未熟練工が多いことも問題だ。高線量の現場では、鉄板やゴムなどで線源を遮蔽しても二、三

鉄骨落下事故が起きた３号機。無人クレーンを使った綱渡り的な作業が続いている。

時間で数ミリシーベルト被曝するため、人海戦術を取らざるを得ない。誰でもいいから作業員をかき集めてくることになる。素人も多いし、工事経験者であっても専門外の作業に駆り出されているから、プロなら当然知っているような細かい注意点がおろそかになりがちだ。

注水量が低下したトラブルの原因となった写真を見たが、ポリエチレン管の細かいカスが見事に濾過器に詰まっていた。管を加工する際に電気のこぎりで切断すると削りカスが管の中に残る。それをよく取り除かずにいた初歩的なミスがあわや原子炉の冷却機能を損ないかねないトラブルを生んだ。

１Ｆで事故が起きたときには、ここで説明したことを思い出してほしい。原因は実に単純な〝ヒューマンエラー〟が多いのだ。

No. 11

こちら双葉郡福島第一原発作業所第11回

二〇一二年十月二十二日

作業員はそこで何をしているのか？〝密着！　免震棟二四時！〟

東日本大震災後、福島第一原発（1F）内の司令塔となっているのが免震重要棟（通称〝免震棟〟）。その名のとおり地震に強く、特殊なゴムの支柱などで支えられた二階建ての建物だ。非常用電源となるガスタービン発電機やテレビ会議システムなどを備え、緊急時対応拠点として二〇一〇年に運用が始まった。公開するかどうかでもめた震災直後のテレビ会議も、ここで行なわれた。

東電は、震度七クラスの地震でも緊急時の対応に支障がないよう設計したと胸を張るが、それも万全ではなかった。今回の震災ではドアが閉まらなくなり、そこから大量の放射性物質が流れ込み内部が汚染された。それに、地震がくればそれ相応に揺れる。私が免震棟内で震度四の地震を経験したときには、縦揺れの突き上げを感じ、その後かなり大きく揺れた。通常の震度四の揺れとあまり変わらなかったのを覚えている。

一階部分を仮事務所兼休憩所として利用する協力会社も多く、作業員は作業時間以外はたいていここで過ごす。体育館ほどの広さを、企業ごとについたてで区切り、あふれた人たちは真ん中の共用スペースを使う。もっとも、各社とも物を置いて縄張りを主張しており、実際は共用ではなくなっている。感覚的には、企業のついたての中と共用スペース合わせて、一階に五〇〇人ほどがいるだろうか。スペースに対して人間が多すぎるため、ざわついた印象がある。

免震棟は二四時間開いているが、多くの作業員が出勤してくるのは朝六時過ぎ頃から。着いてそうそう朝飯を食べたり、マンガを読んだり、雑談に花を咲かせたりと自由に過ごす。七時頃から各社ごとの朝礼が始まり、続いて作業班ごとのミーティングがある。そこで作業内容や安全指示事項を確認して、ようやく現場へ出ていく。

作業を終えて十一～十二時頃に免震棟へ戻ると、すでに人でいっぱいになっている。昼飯を食べる人、一足先に食べて昼寝している人、これから作業に向かう人などでごった返す。机や椅子はほとんどないから、床に敷かれたシルバーのシートの上で座ったり寝たりする。混み合うと、食事するスペースにも事欠くほどだ。この場所で着替えている人もおり、男の裸が視界に入るなかで食事をするのはあまり気持ちのいいものではない。何より免震棟自体が汚染されているから、ここにいるだけで一時間当たり一〇～二〇マイクロシーベルトぐらい被曝する。

仕事を終えた作業員は免震棟で昼飯に何を食べているのか。ちなみに、食事は支給されると思っている人も多いが、それは震災後しばらくの間だけの話。いまは自腹だ。

まず、通勤途中に立ち寄るコンビニ派。定番はおにぎりとカップラーメン。新作が入ると買ってきて、味の批評で盛り上がる。セブン - イレブンのおにぎり一〇〇円セールの日には、普段買わないイクラなど高級バージョンを食べる人もちらほらいる。

毎朝弁当を買うのが面倒という人は、免震棟で仕出し弁当を注文する。だいたい四〇〇円程度。私は食べたことがないので味はわからない。ちなみに、借り上げの宿泊施設から通う作業員には仕出し弁当が出る。

たまに愛妻弁当を食べている人もいるが、とても少ないのが寂しいところ。作業員は朝四時過ぎには家を出ないといけないので、おそらく作る時間がないのだろう。

午後一時から二時頃になると、帰途につく作業員が外に出てバスを待つ。免震棟が静かになり始める時間帯。翌朝まで、しばしの静寂のときだ。

No. 12

こちら双葉郡福島第一原発作業所第12回

二〇一二年十月二十九日

測定器の針が振り切れる！　作業員汚染の実態

全面マスクの口元から左右にふたつ突き出した、放射性物質吸着用のフィルターが高めの汚染濃度を示した直後のことだった。係員が私の右の靴下の汚染濃度を測定すると、測定器の針が瞬時に振り切れた。「汚染しています」。その瞬間、周囲の視線が一斉に私に注がれた。

福島第一原発（1F）の作業員は、休憩や作業終了などで免震棟などの建物に戻る際、毎回、必ず身体サーベイ（汚染検査）を受ける。測定器を持った係員に頭の上から足裏までくまなく検査され、汚染濃度が一定値に収まっているか調べるのだ。本来の原発なら、原子炉建屋を中心とする放射線管理区域の出口に設置された「ハンドフットクロスモニタ」と呼ばれる大型測定器で検査するのだが、そうした設備が破壊された1Fでは、暫定的に人による身体汚染検査が行なわれている。

汚染という概念は一般的ではないかもしれないが、原発では頻繁に使われる言葉だ。「被曝」がどれだけ放射線を浴びたかを表わすのに対して、「汚染」は放射性物質が皮膚や衣服にどれだけ付着したかをいう。内部被曝や放射性物質の拡散を抑えるためにも、汚染を防ぐことは重要だ。

汚染検査はＧＭ（ガイガーミューラー）計数管と呼ばれる携帯型のサーベイメーターを使い、一分間にどれだけの放射線を計測したかをcpm（カウント・パー・ミニット）という単位で示す。四〇〇〇cpm以上は汚染と判断され、そのままでは先へ進めない。汚染した私の全面マスクのフィルターは四〇〇〇cpm、靴下は一万cpmを超えていた。シーベルトに換算すると、それぞれ三三マイクロシーベルト／時と八三マイクロシーベルト／時に相当する。

この日、私たちの班は原子炉を循環する汚染水ルートのそばで作業をしていた。汚染した理由は、汚染水が体に触れたことだとしか考えられない。私は幸いにもフィルターを新品に交換し、靴下をはき替えることで検査をパスできた。だが、同僚はじかに顔と頭を汚染しており、除染し終わるまで四度風呂に入り、ゴシゴシと体を洗い流すハメになった。

この汚染検査、そもそも四〇〇〇cpm未満は汚染なしと判断されること自体が異常だ。震災前であればわずか二〇〇cpm程度でも汚染と判断され、検査をパスできなかった。１Ｆからわずか一〇kmほど離れた福島第二原発でさえ、震災後は一〇〇〇cpmを超えたら汚染と判断された。

だが、その基準を今の１Ｆに適用したら、汚染検査自体が成り立たない。なぜなら、検査場の汚染度が免震棟で二〇〇〇から三〇〇〇cpm程度あり、サーベイメーターの針は常時このあたりを指している。たかが数百cpm程度の汚染など、数値が低すぎて正確に測定できないのだ。

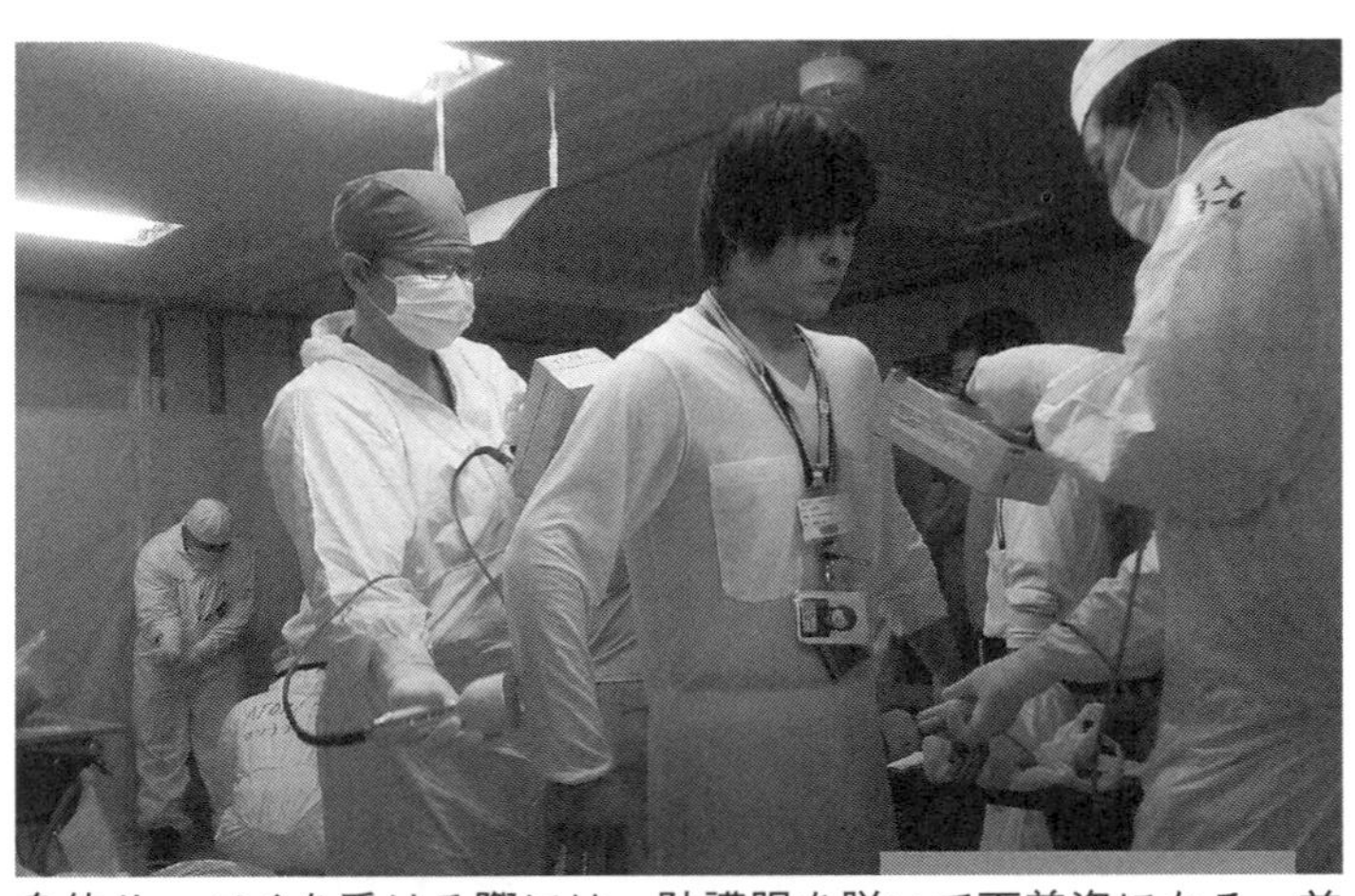

身体サーベイを受ける際には、防護服を脱いで下着姿になる。前後ふたりの係員に狭まれ、入念にチェックされる

また、汚染された物や人が外部に出ることで心配なのは二次汚染だ。今年の春先、作業員が宿泊するいわき市の温泉宿の風呂場を関係者が極秘で測定したところ、三〇〇〇cpmを記録した。作業員は、汚染した体を汚染した風呂場で洗っていたことになる。

震災直後は1Fから二〇kmほど離れたJヴィレッジでも、二万cpmという考えられないぐらいの高い汚染濃度だった。作業員はここに立ち寄って家に帰るため、警戒区域の外側も当然汚染されていた。当時のJヴィレッジには東京から報道陣や関係者もよく来ていたから、この場所が汚染拡大源となっていたのは間違いない。首都圏に向けて相当な放射性物質がばらまかれたと考えてよい。これが車両汚染になるともっと深刻だ。詳しくは次回で説明したい。

No. 13 こちら双葉郡福島第一原発作業所第13回

二〇一二年十一月五日

汚染ダンプは事実上の素通り!? 放射性物質は今も拡散している!

前回、放射性物質が人や物に付着する「汚染」について書いた。その汚染物質は、人や物の移動とともに福島第一原発（1F）の外に出ることもある。

汚染拡大の一番の原因は車両だろう。時期によって差はあるが、1Fには通勤バス、工事用車両、通勤車など一日一〇〇〇台前後が出入りする。これらの車両が構内で汚染し放射性物質を外部にまき散らしていたらと考えると、ぞっとする。

1Fで震災後に本格的な車両汚染検査が始まったのは今年（二〇一二年）の春から。正門近くの検査ブースで、数人の係員がGM式サーベイメーターを手に持ち車体の外周を測定する。一台につき数分から一〇分程度。その間にメーターの針が一万三〇〇〇cpm以上を示すと不合格。車は除染ブースへ誘導され、高圧洗浄機で放射性物質を洗い流す。その上で再度測定し、基準値以下なら退出が認められる。ただ、警戒区域を出る際には、すべての車両がJヴィレッジで再度検査を受けなければならない。

人の汚染基準の四〇〇〇cpm以上と比べると、一万三〇〇〇cpmは相当高く感じる。だが、本格検査が始まる前の昨年九月半ばまでは、一〇万cpmというとんでもない基準に設定されていた。原子力安全委員会の助言で基準を引き下げた経緯がある。

放射性物質まみれの構内を走り回るのだから、車両が汚染されるのも当然だ。私が利用する通勤バスは、距離にして一km程度、時間にしてわずか一〇分ほどしか構内を走らない。それでもタイヤが汚染して検査に引っかかることがある。ある協力企業のバスでは、ホイールが三八万cpmを記録したことがあった。

汚染する場所は地面に触れるタイヤやワイパーなどのゴム、ラジエーターなど、だいたい決まっている。車両の測定を行なう島津さん（仮名）によると、ラジエーターは一度汚染すると、交換しない限り汚染度は変わらない。除染しても無駄だからそのまま通してしまうのだという。

もっと危険なのはダンプだ。構内のいろんな場所で汚染土の積み下ろしを一日中繰り返すため、荷台の汚染度は計り知れない。ところが検査では車体周りとタイヤを調べるだけで、荷台を調べている形跡はない。

島津さんに尋ねたところ、顔を引きつらせてこう言った。「タイヤでも一〇万cpmを超えるダンプが続出しているのに、荷台など怖くて上がれるはずがない。そのまま通してしまう」。つまり、フリーパス。外部へ出る際のダンプの荷台はカラだ。しかし、放射性物質の含まれた残土やチリが風に流され、走行中に飛び散っていることは想像に難くない。

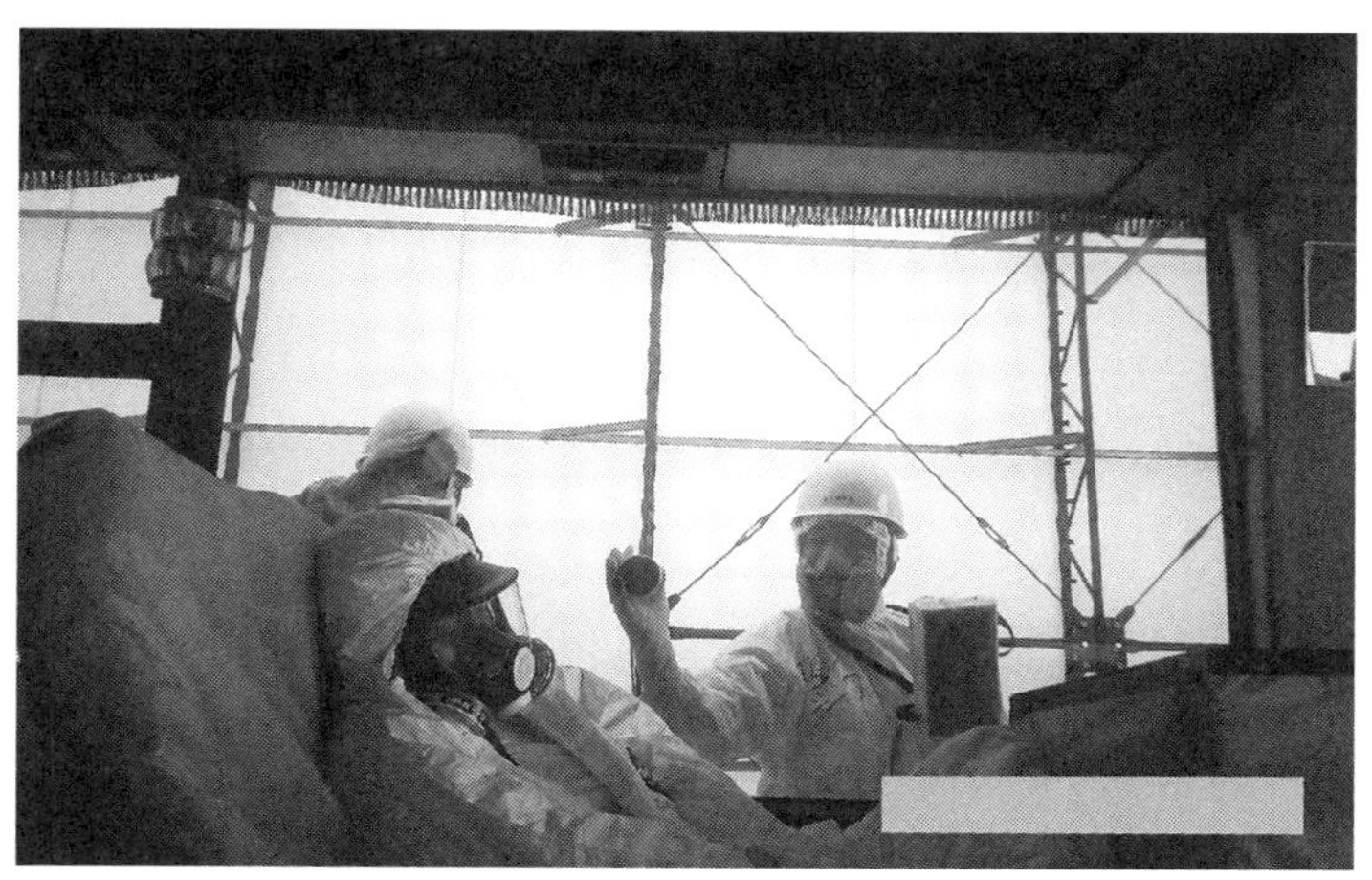

熟睡する作業員を乗せた帰りのバス。その窓ガラスの向こうでは、係員がサーベイメーターを手に汚染検査をしている。大型車両のサーベイには10人近くの係員が必要になる。

昨年、福島県いわき市の整備工場が、自社に持ち込まれた1F使用車両の汚染検査をしたところ、七万cpmが計測された。原子力安全基盤機構が昨年三月から九月にかけて1Fから出てきた車を調べた結果、約一四％の車両が基準値の一万三〇〇〇cpmを超えていた。なかには一〇万cpmを超えている車もあった。機構側では「整備士の健康に特段の影響はない」と判断したが車両サーベイの実態を知る身としては素直にうなずけない結果だ。

さらに忘れてならないのは、1Fで多数のレンタカーが使用されていることだ。汚染された車両がそのまま返却されたら、確実に二次汚染を引き起こす。地元車両なら返却後に検査をするだろうが、私は千葉、八王子、宇都宮ナンバーの車を見たことがある。大手協力企業などは使用したレンタカーを買い取る方針だが、すべてがそうなっているのだろうか。確かめるすべはない。

No. 14

こちら双葉郡福島第一原発作業所第14回

二〇一二年十一月十二日

これで明日から働けます！　原発作業員・用語用例辞典

〝原子力村用語〟といわれるものから単なるスラングまで、原発で働いていると、普段聞きなれない言葉や言い回しに出会う。今回はそれらをまとめてみよう。

じしょう【事象】「なんらかの爆発的事象があった」と、3・11直後に枝野官房長官（当時）がこの言葉を使ったことで有名に。深刻な事態でもやわらかく聞こえる。原発内でも、朝礼などかしこまった場所でしばしば使われる。▽用例「昨日、構内の交差点でトラックと乗用車がぶつかる事象が発生しました」

ないぶーとりこみ【内部取り込み】内部被曝のこと。一般の人が、「内部取り込みはありません」と言われてもなんのことかわからないだろう。せめて、「放射性物質の」と内容を示してほしい。この言葉、東電の報道発表文にも普通に使われている。

せんりょうを一あびる【線量を浴びる】放射線の量を線量といい、それを体に受けたことをこう表現する。これも「被曝」を言い換えることで、原子力の負のイメージを覆い隠そうとしているように思える。

ぱんく【パンク】アラーム式の線量計（ＡＰＤ）が設定値を超え、ピーピーと警報を発すること。現場作業中にパンクすると、すぐさま免震棟などへ戻り（このとき現場の同僚に「退場！」と冷やかされることもある）、東電に報告する面倒な手続きが待っている。福島第一原発で使用されているパナソニック製のＡＰＤは、設定値の五分の一ごとに短い警報が鳴る。このため線量の高い場所で急激に被曝するか、段階警報のないベータ線を、警報が鳴る設定値の五ミリシーベルト以上浴びない限りパンクは起こりにくい（はずだ）。

せんりょうを一くう【線量を食う】作業員同士が話すときによく使う。なぜ食うというのかは不明。▽用例「今日、俺、二ミリ（シーベルト）も食っちまったよ」

こうせんりょうぶたい【高線量部隊】たくさん被曝する現場で作業をする人たちのこと。早ければ二週間程度で年間の許容上限に達してしまうため、一般の作業員とは分けてこう呼ばれる。下請け企業でも、末端の会社が担当することが多い。

どるばこ【ドル箱】日当の安い作業員のこと。転じて、仕事のできない作業員の意味も含まれている。ドル箱は本来、多くの利益をもたらす人や商品を指す言葉。原発の場合、〝低賃金で働いてもらう＝会社の懐に入る金額が多い〟、つまり〝会社の利益に貢献する〟存在となる。▽用例「そんな給料なの？　そりゃおまえ、ドル箱だっぺなあ」

（お）きゃく【（お）客】東電のこと。東電は原発内の工事を発注し、それを協力企業が請け負う。作業員から見ると、お金を払ってくれるクライアントなので東電や東電社員のことをこう呼ぶ。▽用例「今日は検査だから、現場に客が来るぞ」

ほうかん【放管】放射線管理員。東電や元請け企業が、それぞれ一定の割合で抱えている。放射線測定のために、高価な計測器片手に危険な現場へ乗り込む姿はカッコいいが、平均して暇なため、弁当の食べ残しなどのゴミ片付けを命じる会社もある。荒っぽい作業員とは違い、おとなしめな人が多い。

かま【釜】格納容器を外釜、圧力容器を内釜と呼ぶこともある。中でグツグツと発電しているイメージがあるのだろうか。

最低限ここで挙げた言葉を押さえておけば、作業員の会話についていけるだろう。

No. 15

こちら双葉郡福島第一原発作業所第15回

二〇一二年十一月十九日

鉛カバー発覚から三カ月。線量計偽装対策は進んでいるか？

「線量計に鉛版、被曝隠し」

こんなショッキングな見出しとともに、福島第一原発（1F）作業員が昨年十二月に線量計（APD）を鉛カバーで覆って作業していたことが明るみに出たのは今年（二〇一二年）七月。それから三カ月がたち、管理体制は変わったのか。

「APD確認していまーす」

免震棟から作業現場へ向かう出口で、こんな係員の声が聞こえてくる。少し面倒だが、ここで防護服のチャックを下ろすと係員が下着の胸ポケットをのぞき込みAPDが入っているかを目視で確かめるようになった。テープで防護服と全面マスクを目張りしている場合には、服の上から触ることで装着の有無を調べる。

以前なら、借り忘れなどでＡＰＤを持たずに現場に出てしまっても気づかれなかった。返却するときに実は持っていかなかったと騒ぎになる可能性は、出口検査を始めてからなくなった。

鉛カバーによる被曝隠し問題を起こしたのは協力企業の東京エネシスの下請け企業だが、八月三日には別の東京エネシスの下請け企業で、作業員がＡＰＤを持たずに現場に出てしまうというトラブルを起こした。管理の甘さを指摘された同社では、次のような対策を導入した。

朝礼でお互いのＡＰＤを確認し合う、②現場に向かう直前に放射線管理員がひとりひとりのＡＰＤ装着を確かめ、防護服の胸のあたりに確認判を押す、③出勤簿とその日の被曝データを同じ用紙に記録し、個人の被曝記録管理を徹底する。

朝礼風景を見ていると、「ＡＰＤ確認はよいか?」「ヨシ!」のかけ声があちこちから聞こえてくる。今のところ同社からＡＰＤに関する不祥事の再発は起きていない。

そして、最近になって東電が採用したのが、左右の胸ポケット部分が透明になった防護服だ。透けているから、ＡＰＤを身につけているかひと目でわかる。現状では、ＡＰＤの設定値が毎時三ミリシーベルトを超える高線量現場で作業をする際には、この防護服を着用する決まりになった。

こう見ていくと十分な対策がとられているように思える。だが、そこは人間がやることで、抜け穴はある。そのひとつが、免震棟以外の休憩所でのチェックが極めて甘いことだ。１Ｆには厚生棟、５、６号機そば、西門近くなどいくつかの休憩所があり、作業の合間にここで休んだり、協力企業の事務所代わりに使われたりする。

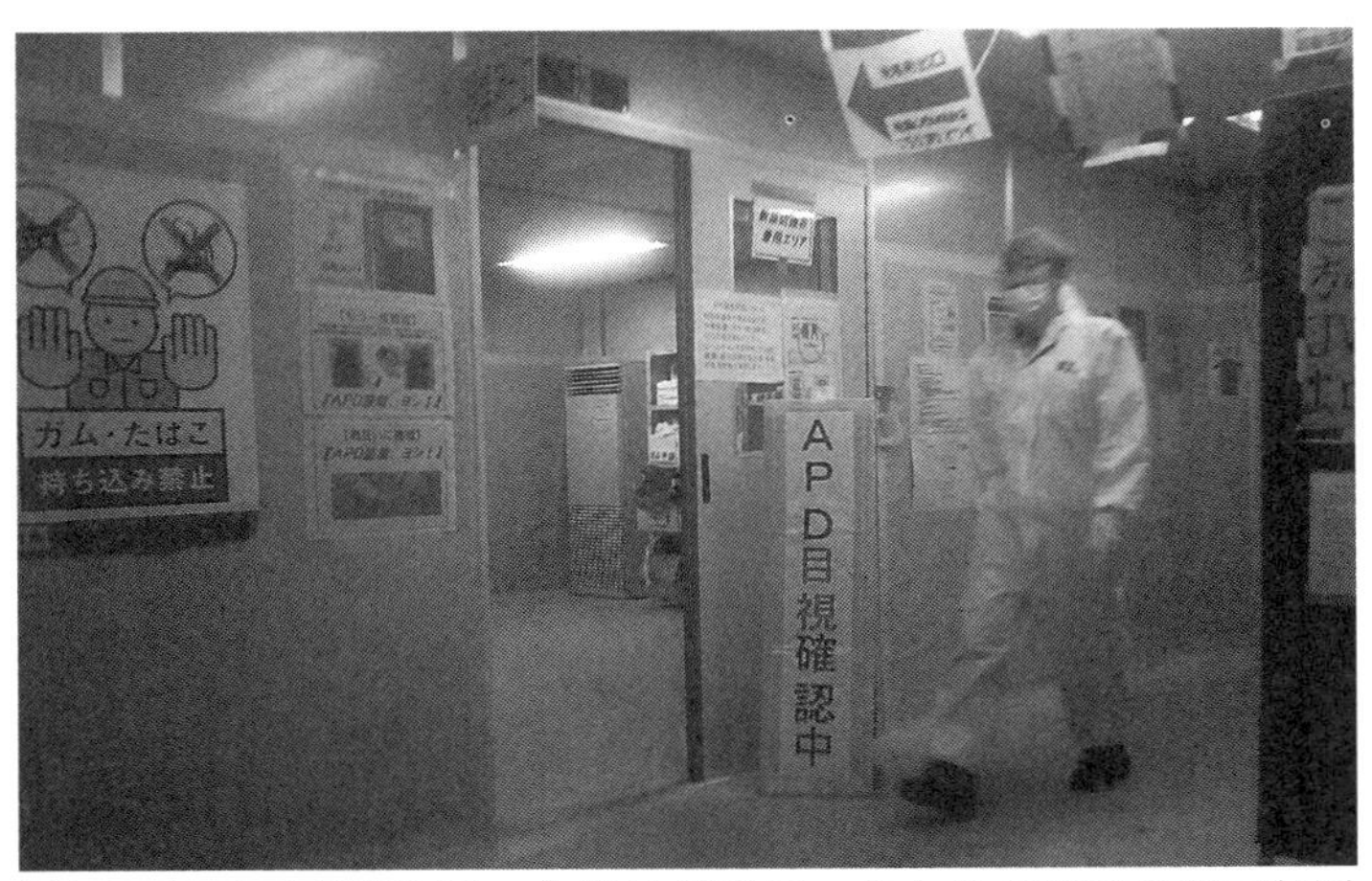

「鉛カバー」の報道以来、作業員が現場へ向かう免震棟の出口付近に、「ＡＰＤ目視確認中」の看板が立てかけられた。だが目視なしのチェックが甘い休憩所も。

こうした場所の多くでは、出口付近にいる係員が「ＡＰＤを確認してください」と声をかけるだけ。故意に被曝隠しをしようと思えば、休憩中にＡＰＤを隠して作業に出ればよい。東電は現場での抜き打ち検査も行なうというが、遭遇したことはない。

鉛カバー事件が騒がれてから少しの間は、毎朝、東電社員数人がＪヴィレッジでバスに乗り込む前の作業員に、ＡＰＤを忘れないように呼びかけていた。だが、ひと月もたった頃には姿を見かけなくなった。人の噂も七十五日、喉元過ぎれば熱さを忘れるではないが、気の緩みはどこかに出てくる。

特に、これから年度末の来年三月にかけて、被曝量が年間上限に迫ってきている作業員は多い。仕事を失うことを恐れて、ＡＰＤをつけずに作業に出てしまうことも十分考えられる。再び不祥事が発覚したときに、東電は慌てふためいて追加対策をとるのだろうが、それなら現状の対策をしっかりと実行しておいたほうがよいだろう。

No. 16

こちら双葉郡福島第一原発作業所第16回

二〇一二年十一月二十六日

四〇〇ミリシーベルトの現場！　元作業員Ａ氏の訴え

「末端作業員はなかなか物が言えない。告発を機会に状況を変えたい」

十月三十日、元福島第一原発（1Ｆ）作業員のＡ氏（四六歳）が記者会見で発したという言葉に大きく頷いた。彼は東電と元請けの関電工を労働基準監督署に刑事告発、この日、顔を隠すことを条件にメディアの前に姿を現わした。

昨年（二〇一一年）三月二十四日、関電工の二次下請けに属していたＡ氏は電源ケーブルの敷設作業のため3号機の原子炉タービン建屋に関電工の社員ら五人と入った。その際、「若干線量はあるが、作業に問題ない」と言われていたが、現場には高線量のたまり水があふれており、Ａ氏は一一ミリシーベルトの被曝をした。

「事故直後の混乱期だから、ある程度の被曝も仕方ないのではないか」。はたから見るとそう映るかもしれないが、それは違う。なぜならこのとき、携帯していた線量計（APD）が鳴り響くのを全員が聞いていた。にもかかわらず、現場のリーダー（関電工の担当者）は それを無視して、暗がりの中にある汚染水へと突き進むことを命じていたからだ。APDが設定値を超えて警報を発したら、その場を離れるのが鉄則だ。命より大切な作業などない。

使用しているAPDは設定値に至るまで五段階で短い警告音を発する。A氏らは二〇ミリシーベルトにセットしていた。つまり、逃げるチャンスは四度あったのだ。幸い、A氏ら二次下請け企業の三人はたまり水のある地下へ下りることを拒んだため、一一ミリシーベルトの被曝で済んだ。だが、関電工社員と一次下請けの作業員の三人は地下へ進み、アラームを無視して三〇〜四〇分ほど作業を続けた。結果として三人は最大一七〇ミリシーベルトを被曝し、病院へ運び込まれることになった。

A氏によると、たまたま居合わせた東電社員らしきほかの班は、現場の線量が四〇〇ミリシーベルトなのに気づき、慌ててその場を撤収した。つまり、A氏の班が作業を続けたのは東電の指示ではなく、担当者の独断だったということになる。この判断ミスは、一歩間違えば命を失いかねないものだった。

1Fの作業指揮系統は、顧客である東電を頂点に、元請け、一次下請け、二次下請け、三次下請け……と下に続いていくが、現場に出れば、班を監督する元請けの担当者が作業全体を指揮する。その下に一次下請け、二次下請けや三次下請けから選ばれた班長がいて、細かい指示を出す。一般の作業員は、担当者や班長から言われたことをやるだけだ。

担当者や班長の頭の中には、工期を含めた作業の流れが頭に入っている。このため、遅れている場合など、時として〝焦り〟を生み、無理をしてしまうことがある。

昨年三月二十四日、この担当者は全員のＡＰＤがけたたましく鳴り響いているさなか、「誤作動もあるから作業を続行する」と信じられないセリフを口にしたというから、どこかに焦りがあったのではないか。

Ａ氏は自分の命には代えられないと地下へ下りるのを拒否したが、現場感覚でいうと、このように主張できるケースは本当にまれだ。担当者や班長に背けは、それ以降の仕事がやりづらくなり、最悪、クビになることもあるからだ。今回の場合、Ａ氏らは地下へ行くことを強制されなかったのがせめてもの救いといえる。気に入らなければ簡単にクビを切られ、明日からの収入が途絶える今の仕組みを放置しておけば、また悲劇は起こるだろう。

No. 17

こちら双葉郡福島第一原発作業所特別篇

二〇一二年十二月三日

「私は騙されて毎時六〇ミリシーベルトの現場に行かされるところでした」

フクイチ福島第一原発、高線量部隊になるはずだった作業員が実名で告発‼

偽名を使う企業担当者、偽の経歴書、誤りの線量説明、事務所での恫喝……

東電は指導しているというが、今も多重派遣、ピンハネが絶えない福島第一原発（1F）での作業。そんななか、自分の待遇を実名で訴える人物が現れた。林哲哉氏、長野県出身の四〇歳。彼が訴え出た内容とは⁉

桐島　林さんは、どうして1Fで働こうと思ったのですか。

林　事故から時間がたつにつれて原発関係のニュースも少なくなっていくし、明らかにおかしいと思う

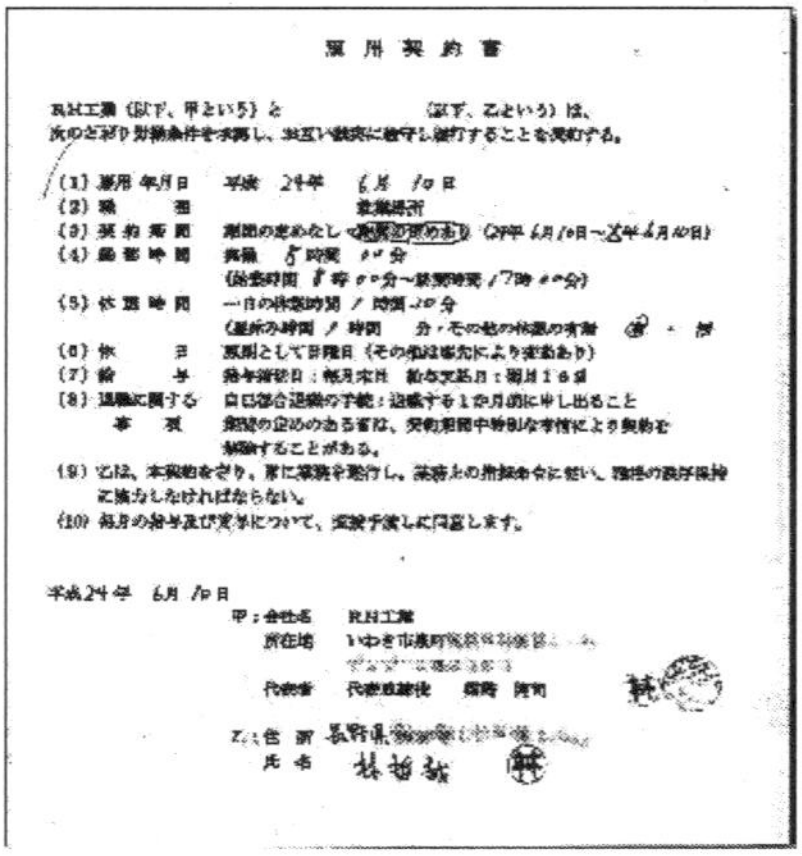

図３　フルマーク（六次）の募集に応募した林氏はＲＨ工業（五次）と雇用契約を結ぶ。契約書には期間、勤務時間、給与支払日などが書いてあるが、給料の額については一切触れられていない

ような報道がたくさんあって。例えば、収束宣言がありましたが、そんなわけはないだろう、と。それで、自分の目で確かめてみようと思ったのがきっかけです。

桐島　働き始めたのは今年六月ですね。

林　ネットに作業員の求人を出していたフルマークという会社（六次下請け）を通して四月から働く予定だったんですが、先方の都合で延び延びになっていて。六月に入り、ほかを探そうかと考えていた矢先に電話が来ました。確か、火曜か水曜に電話があって「今週中に来られるか」と言われました。

桐島　急ですね！

林　仕事の内容は、汚染された道具の貸し借りの受け付けや汚染検査と言われました。すぐに住んでいた長野からいわき市へ行ったんです。六月八日でした。フルマーク（六次）の上の、ＲＨ工業（五次）の人が駅まで迎えに来てくれました。

桐島　（契約書のコピーを見て）給料に関しては書いてませんね。

林　六月十日にＲＨ工業（五次）と雇用契約を交わしたのですが、口頭で一日一万三〇〇〇円と言われました。ただ、宿代が一日一六六〇円かかると。それに食費もかかるから、一日働いたって一万円も残りません。あと、電離検診を受けてもらうのに約一万一〇〇〇円くらいかかるんですけど、それも最初の給料から引かせてもらいますと説明がありました（＊）。エッと思ったけど、もう長野から来てしまっていましたからね。

九月十八日、労働安全衛生法に違反すると、林氏は労働局へ告発。まもなく電離検診代は返金された。

桐島　同じ時期に集まったのは何人でしたか。

林　六人です。全国から来ていましたよ。宿代が引かれることに話が違うと怒って帰った人もいました。それに、フルマーク（六次）の担当者もおかしな人でした。

桐島　どんなところが変だったのですか。

林　宿に集まった作業員は異なる三社に採用されたのですが、話しているうちに、そのすべての担当者が同一人物だったとわかりました。おまけに私は最初、中田という人が担当だったんですが、１Ｆへ行く直前に「中田は帰り、担当が岩下に代わりました」と言われたんです。ところが現地へ行ってみると、岩下氏から「あの中田ですが、実は自分です」と言われて、はぁ？っていう感じでした。しかも、以前メールで、「私は募集の担当もしながら昼間は原発で作業員として働いているから、日中は電話に出られません」と言っていたにもかかわらず、どうも今回が初めての原発のようでした。

桐島　複数の会社と偽名を使って募集をかけていたんですね。それで、次に林さんが行かされたのは、

図４　林氏と企業の雇用関係

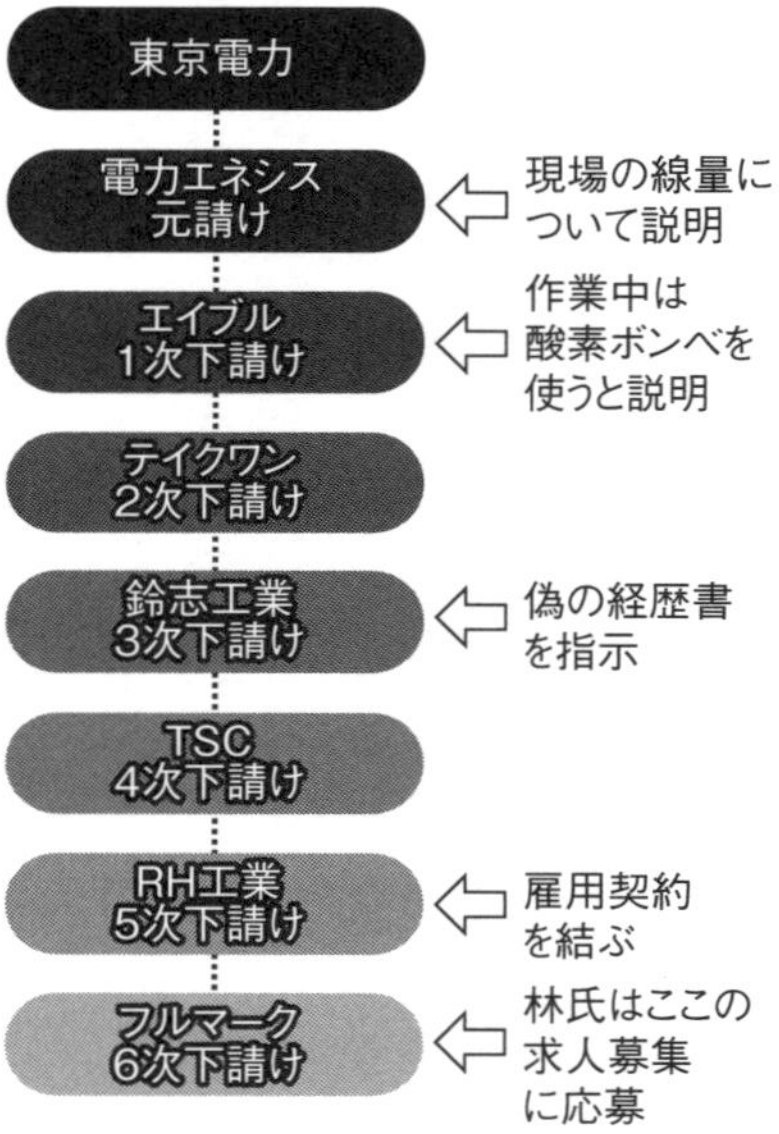

東京電力
電力エネシス 元請け ⇦ 現場の線量について説明
エイブル 1次下請け ⇦ 作業中は酸素ボンベを使うと説明
テイクワン 2次下請け
鈴志工業 3次下請け ⇦ 偽の経歴書を指示
TSC 4次下請け
RH工業 5次下請け ⇦ 雇用契約を結ぶ
フルマーク 6次下請け ⇦ 林氏はここの求人募集に応募

RH工業（五次）の上の鈴志工業（三次）の事務所だったとか。

林　はい。六月十二日に鈴志（三次）の専務からこの社員経歴書（左ページ）が配られ、これからエイブル（一次）に行って経歴書を書くから、このとおりに書いてくれと言われました。でも、この社員経歴書に書かれている福島県の三ツ谷工業は知らない会社です。三月までここで働いていたことになっていますが、私は今年の五月以前に福島に来たことがない。同僚にも聞いてみると、それぞれ一社ぐらい知らない会社がある。

桐島　経験者に仕立て上げられたわけですね。エイブル（一次）ではどんな説明がありましたか。

林　まず、「皆さんには今回、ご存じのとおり少し線量の高いところでの作業を行なってもらいます」と話がありました。「4号機建屋のそばにフランスのアレバ社の除染装置があって、その攪拌機を交換しなければならない。しかし地面は汚染水で汚れているので、遮蔽のために皆さんにはゴムマットを地面に敷いてもらいます」と。

桐島　作業内容は事前に聞いていましたか。

林　いや、初耳でした。そのとき「不安があるようでしたら手を挙げてください」と言われたんですけど、直接の雇用主じゃなかったので言い出せず、誰も手を挙げる人はいませんでした。その後、エイブル（一次）の担当者から「たぶん１Ｆでは初めてのことですが、今回、皆さんのために酸素ボンベを用意してあります」と言われたんです。でも酸素ボンベって、明らかにおかしいでしょ。

桐島　酸素ボンベを使う現場なんて聞いたことがないです。つまり線量が極めて高いから、ボンベなしだと放射性物質を吸い込んじゃって危険だと。

林　酸素ボンベを二本背中に背負った写真が示されたのですが、直に酸素を送り込むようになっている。いったいどんなところだよって思いました。しかも、後から来る人のためにゴムマットを遮蔽用に敷くってことは、どう考えても線量が高い。そんな場所での作業なら最初から言ってほしかった。私は交通費一万円くらいで長野から福島まで来られたけど、飛行機で三万円も四万円もかけて来ている人たちもいました。彼らにとっては酷です。

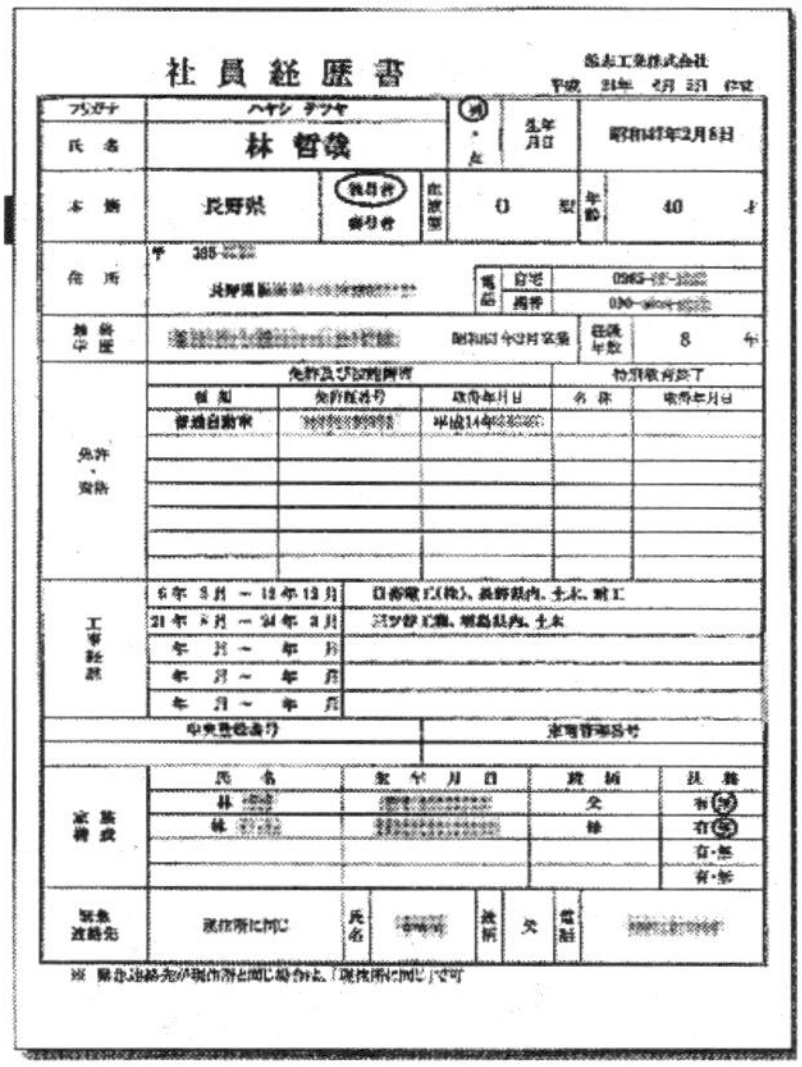

社員経歴書

図５　ＲＨ工業（五次）と雇用契約を結んだ林氏は、鈴志工業（三次）に行き、エイブル（一次）ではこのような偽の細歴を書くよう指示された。林氏は三年前から福島の会社で働いていたことになっている。

「放射能は八日たてば消えます」

林　それから二日後の六月十四日、元請けの東京エネシスで線量についての説明がありました。現場でのＡＰＤ（携帯型線量計）設定値は最大で九ミリシーベルトを考えていて、ＡＰＤが三回鳴ったら交代してもらう。おそらく、五～一〇分程度で交代してもらうことになるだろう、と。

桐島　ＡＰＤは設定値の五分の一刻みでアラームが鳴りますから、九ミリで設定していたら三回鳴った時点で五・四ミリ。五分で交代したら一分当たり一ミリですね。一時間いたら、法律で決まっている年間被曝上限の五〇ミリシーベルトを超える。とんでもない現場ですね。

林　私もその場で計算したんですが、ほかの人たちは意味がわかってなかったんじゃないかな。一ミリだったら大丈夫じゃないかという反応でした。

桐島　元請けの東京エネシスの年間被曝上限は一六ミリです。一日約五ミリなら、三日ほどで年間の被曝上限に達して原発で仕事ができなくなります。

林　そうです。説明会が終わった後、ＲＨ工業（五次）に「自分は一年契約で原発で働くと契約を交わしているのに、三日程度でいっぱいになってしまう。その後どうするんですか」と聞いてみたんです。

桐島　なんと言われました？

林　被曝した線量は八日たてばなくなるから大丈夫と言われました。累計で足していくもんじゃなくて、減っていくから増えないんだよって。

桐島　どういうことですか。

林　毎日一ミリずつ浴びるとしますよね。初日に一ミリ、二日目で二ミリ。そうして八日目になると、初日の一ミリがゼロになっているから、次に一ミリ浴びても大丈夫だと。でも、それが本当なら七ミリ以上にならないじゃないですか。明らかにおかしいですよね。

桐島　確かに放射性ヨウ素131の半減期は約八日ですが、それ以外のセシウム137などの核種は残りますからね。林さんたちを騙そうとしたんでしょうか。

林　いや、その人は本当に信じているように見えました。で、ある程度の線量を浴びたらもっと低いところへ行くから大丈夫、一年は仕事があるからと説明を受けました。だけど、年間被曝上限量を超えてしまったら、どう考えても働けない。その後の保証は何もないんです。大丈夫、大丈夫と言っているだけ。実際に、そのときの同僚で引き続き1Fで働いている人はひとりもいませんしね。

「お得意さんに意見はするべきじゃない」

この直後にアレバ社製除染装置のある建屋内で水漏れ事故が起こって林氏らの作業は中止となり、幸運にも線量の低い現場に回されることになった。だが、林氏は一次下請けのエイブルの現場責任者と議論したことが原因で、作業を開始したその日にクビになる。

桐島　エイブル（一次）の責任者に苦情を申し立てたそうですね。

林　六月十九日の初日の作業が終わって免震棟に上がるとエイブル（一次）の責任者がいたので、疑問に思ったことをその場で聞いたんです。例えば、同僚に原発で働くのが初めての二〇歳そこそこの地

林氏は現在40歳。「年をとっている分、若い世代より原発の恩恵を長く受けて育った。だから、収束作業は僕らの世代が行かないと」

元の子らがいて、最初に内部被曝を測定したら二〇〇〇カウントという高い数値だった（注・原発で働いてない人は通常一〇〇〇カウント以下）。つまり、地元民というだけでそれだけ被曝している。その上、被曝の危険性なんてよく知らない彼らに線量の高い現場の作業をさせようとしている。

それでエイブル（一次）の責任者にどう思いますかと振ってみたんですね。すると彼は、「本人は了解の上で来ている。あなたがいやだったら来なくていい」と。もちろんそうなんですが、「もしあなたの子だったら１Ｆで作業をさせますか」と返したら、「絶対にさせない」と言われて。それでちょっとしたやりとりがあったんです。そしたら、その日の帰りに電話があって、同僚全員、鈴志工業（三次）に来てくれと言われました。

桐島　エイブル（一次）から電話がいったのですね。

林　事務所に行くと鈴志工業（三次）の社長やＴＳＣ（四次）の人がそろっていて、「お得意さん（エイブル）に意見するべきじゃない」と言われて。最終的に、「エイブルさんから『林さんは来させるな』っていうことらしいんで、今回はこれで帰ってね」と言われました。

桐島　その場でクビですか。

林　クビとは言われませんでしたが、もうこれ以上の作業はいいですよって。口調はそんなに激しくなくて、諭すようなトーンでした。それで、二十二日にホールボディカウンターの検査を受けて帰りました。

事実確認に行ったら二時間もの恫喝！

林氏は解雇された後、いったん長野へ帰る。だが、彼の頭の中には、どうして高線量の現場で自分が働かされることになったのかを知りたいという思いが渦巻いていた。何重にも連なる下請け企業。そのどこまでが作業内容を把握していたのかを調べるため、彼は再び福島へ向かう。そこでまた理不尽な出来事に遭遇する。

林　何次請けまでが高線量作業を知っていたのか。フルマーク（六次）もＲＨ工業（五次）も知らないようだった。ＴＳＣ（四次）は所在も何も知らされてない。それで、鈴志工業（三次）の社長に聞けばわかるんじゃないかと思い、鈴志の事務所に行きました。

桐島　社長には会えましたか。

林　事務所に社長がいなかったので、連絡をつけてもらうと、「社長は会う必要はないと言っています」と言われた。するとすぐにＲＨ工業（五次）の社長から自分の携帯に電話があって、「そういうことはするな」と言われました。でも、そのまま帰るつもりもなかったので、さらに上の会社に行くことにしました。鈴志（三次）の上はテイクワン（二次）ですが、ここも所在地がわからないので、さらに上のエイブル（一次）に行きました。

桐島　順々に上がっていったわけですね。

作業員のいる右側が、汚染水を浄化するアレバ社製除染装置がある放射性廃棄物集中処理設備建屋。

林　エイブル（一次）の事務所へ行き、テイクワン（二次）の連絡先を教えてほしいと頼んだのですが、教えてくれない。何か証拠になるものはないかと思い、「それでは自分の労働者名簿のコピーをください」と言ったら、一時間ぐらい待たされて。そしたらＲＨ工業（五次）の社長が車で来て、鈴志（三次）の社長が会うから一緒に来いと。

桐島　手を焼いたエイブル（一次）からＲＨ工業（五次）に連絡がいったんだ。それで慌てて迎えに来た。

林　鈴志（三次）の事務所に着くと、鈴志の社長、専務、ＴＳＣ（四次）の人など六、七人に囲まれ、怒鳴られました。「あんた、なんなんだ」「いったい何がしたいんだ」「おまえは左翼か」「営業妨害がしたいのか」。約二時間、ほぼ怒鳴られっ放し。会話にはならないですね。「ですから、自分は何次請けまでが高線量だと知っていたか聞きたいんですよ」と言おうとしても話を遮られて、「『ですから』ってなんだ」って言われる（笑）。本当に会話ができなくて、あー、もうこれはダメだ、と思いました。挙句の果てに、「おまえじゃ話が通じない」と、私の実家へ電話し始めたんです。

桐島　えっ、親にですか⁉

林　電話に出た母親に「おたくの息子さんが福島に来て問題を起こしているんで、説得してくれないか」と。電話が終わると鈴志の社長が「もう二度と、関わった会社へ私は訪問しませんという内容の書類を作るから、それにサインして帰れ」って言うんです。拒否したら、また親に電話ですよ。「おたくの息子さんはサインしないから、お母さん、福島まで来てサインしてください」と。

桐島　長野から来いと。

林　母は、「一応うちの息子もいい大人なんで任せてます」と答えたようです。その後、鈴志の社長らは、私のことを訴えるっていう相談を始めてました。「これ訴えられるよな」「ああ」というやりとりがありました。

缶詰め状態からようやく解放され、らちが明かないと思った林氏は、知り合いに相談し、個人で加入できる労働組合の派遣ユニオンを紹介される。派遣ユニオンは東電と下請けを合わせた八社を相手に団体交渉要求を開始する。ＲＨ工業のみ団交に応じ、交渉は現在も継続中だ。同時に、林氏はそれまでのやりとりを撮影した動画をネット上に公開【https://www.youtube.com/watch?feature=player_embedded&v=B121taGznWM】し、反響を呼んだ。

桐島　作業員の労働環境について思うところはありますか。

林　作業員を東電が直接雇えばいいんです。もしくは国策なんだから作業員を公務員化する。それが無理なら、せめて元請けがちゃんと雇用して面倒を見てあげる。横並びになれば、多少は報われると思います。

桐島　そうすれば給料のピンハネもされないし、労働条件は守られますね。原発自体はどう考えていますか。

林　半減期まで何万年もかかるような核のゴミを処理できないのなら、原発を使うべきではない。それから、田舎で人のいない所に造って、そこにお金で縛りつけて、原発がなければ町が立ち行かなくなる状況に追い込むシステムが一番気に入らない。事故が起きたら作業員の犠牲は必ず必要になるということもはっきり実感しました。そんなシステムはやっぱり間違っていると思います。

林氏から聞き取りを行なった後、取材班は事実確認をすべく東京エネシス以下七社にコンタクトを取ろうと動いた。ところが、ある会社は電話で林氏の名前が出ただけで取材拒否、別の会社は弁護士事務所を通してやはり取材拒否のFAXを送ってきた。何度も電話し留守番電話を残しているのに、いまだ話さえできていない会社もある。もし読者の中に1Fで働くことを検討している人がいたら、どうか慎重に下調べを行なってほしい。これがすべてとは言わないが、林氏が受けたようなとんでもない待遇は今後も起こり得るのだ。

No. 18

こちら双葉郡福島第一原発作業所第18回

二〇一二年十二月十日

給料九割ピンハネも！「多重派遣」「偽装請負」の問題点

前節で福島第一原発（1F）の元作業員・林哲哉氏が労働局に「多重派遣」「偽装請負」を告発したことを伝えた。原発を取り巻く報道でしばしば取り上げられるこの二点だが、いったい何が悪いのか。噛み砕いて説明する。

雇用された労働者を別の企業などに送り込んで働かせることは、派遣元の企業に厚労省の許可か届け出があれば可能だ。実際、多くの企業に派遣社員がいる。だが、原発作業員を含む建設現場への派遣を法律は認めていない。以前から建設業には違法な多重下請け構造があり、そんな業種で正式に派遣を認めてしまうと、労働者の待遇がさらに悪化する危険性があるためだ。

そんな派遣先からさらに別の企業へ労働者を派遣する「多重派遣」は、合法的な派遣事業でさえ許されていない。ピンハネが簡単にできてしまうからだ。例えば、私がA社（派遣元）→B社（一次派遣先）→C社（二次派遣先）と派遣された場合、B社は何もしていないのに、私の給料から仲介料を差し引くことが可能になる。このような状態を野放しにしていると、暴力団など反社会的勢力に甘い蜜を吸うチャンスを与えてしまう。

林氏の例では、東京電力が東京エネシス（元請け）に発注したら、本来、東京エネシスは自社の作業員で請け負った業務を完結しなければならない。それなのに、エイブル（一次）、テイクワン（二次）、鈴志工業（三次）、TSC（四次）、RH工業（五次）、フルマーク（六次）と七社にまたがる多重派遣を行なっていた。

こうした点を指摘すると、多くの業者は「下請け企業との間で〝請負契約〟をしているので適法だ」と主張する。

請負契約とは下請けに仕事を委託（アウトソース）することで、法律でも認められている。しかし、下請けが委託元から指示を受けて作業をした場合、たいてい請負ではなく多重派遣と見なされる。

原発作業は現場ごとに班が構成されているが、そこには異なる企業の作業員が含まれている。私の現場も二次請けと三次請けの作業員が入り交じり、時にはまったくつながりのない企業の作業員が同じ班になることもある。

そして、班全体をまとめて作業指揮を執るのは、担当者（監督）と呼ばれる元請けの社員だ。つまり、いくら請負契約を交わしていようと、原発作業現場の実態は多重派遣かつ偽装請負状態なのだ。実際、私も数社の多重派遣構造の中で働いている。日当も、私の手元に入るのは一万円ほどだが、東電は作業員ひとり当たり八万円ほど支払っているはずだから、私の場合七万円ほど引かれている計算になる。

ある日の作業予定表。「企業」欄（黒枠内）の企業名と数字が、件名欄（左から二番目）の作業を担当する下請け会社と人数。だが書かれている企業名は一次請けだけで、人数には二次請け以下の作業員も多く含まれている。

東京エネシス（元請け）は、林氏に告発される前、線量計に鉛カバーをつけさせていた問題で労働局の調査が入っていた。私が関係者から取材した限りでは、東京エネシスはこのときから多重派遣、偽装請負の発覚を恐れ、エイブル以下の企業に、下請け企業との契約書類を見直し、すべて請負契約の形にするよう書き直させている。このような多重派遣や偽装請負の仕組みは、必要なときだけ労働力を賄えるため元請け企業にとってとても便利だ。だが、作業員にいいことはない。下の会社に所属するほど危険な現場に行かされやすくなり、上に逆らえばもう来なくていいといわれる。雇用保険もない会社が多いから、クビになればその日から路頭に迷う。原発の弱いものいじめの構造はこんなところにも見られるのだ。

No. 19
こちら双葉郡福島第一原発作業所第19回

二〇一二年十二月十七日

この近くで作業を命じられたら要注意！ 1Fの高線量危険地帯

福島第一原発（1F）作業員は最悪どんな場所で過ごすことになるのか。今週は、1Fの高線量地帯を眺めてみよう。

「福島第一原子力発電所サーベイマップ」という、原子炉建屋を除いた一F内主要エリアの放射線量を測定した地図がある。東電のHPで数カ月おきに更新されているので、興味がある人は一度見てほしい。この地図は免震棟の掲示板にも張られていて、原発で働いているとなんとなく目に入ってくる。

これによると、格納容器の外で最も危険な場所は1号機と2号機の間にある〝SGTS〟と呼ばれる配管（一三六頁写真）で、なんと約一〇シーベルト（＝一万ミリシーベルト＝一〇〇〇万マイクロシーベルト）。六シーベルトの被曝でほとんどの人が死に至るというから、一時間も抱きついていたら誰でも確実にあの世へ行ける。これほどまでに高いのは、昨年三月、1号機格納容器内の圧力を下げるために、放射性物質を含む蒸気を排出する〝ベント〟を実施した際、溶けた燃料棒の一部がここまで運ばれてしまったため、といわれている。

私はこれまで何度も、この配管の数m手前を通ったことがある。巨大な排気塔の根元付近からわずか直径七〇cmほどのパイプがL字形に伸び、不気味に茶色く変色していた。あたりには人ひとり見当たらず、周囲を囲う細いロープと「立入禁止」と書かれたプレートが風で頼りなさげに揺れていた。

こんな超高線量な危険地帯はここだけだが、一〇〇ミリ程度の場所なら数カ所ある。4号機南側に一六〇ミリ、2号機東側の一二〇ミリ、2号機と3号機の中間、それに四号機東側の八〇ミリ……。いずれの場所も配管の表面の線量だ。原子炉を冷却した直後の高濃度汚染水が、浄化装置へ向かう途中の配管から漏れ出てこんな高線量になる。この種の事故は、私が知る限りでも今年三月、四月、八月と頻発している。配管が間に合わせの塩化ビニール製かポリエチレン管だから、少しの衝撃やちょっとの施工不良でもあれば、そこから汚染水が漏れて周辺が放射能汚染されてしまうのだ。一〇〇ミリレベルの汚染地帯は今後も増えていくだろう。

原子炉周辺であってもすべて線量が高いわけではない。原子炉建屋を取り囲むようにしてある主要通路は、だいたい〇・二から二・七ミリ程度と相対的には低い。

とはいっても長居は禁物。今年の春先、1～4号機西側の道を端から端まで往復したことがある。歩いている途中、線量計のアラームがけたたましく鳴った。免震棟に戻ってみると、たった一五分ほどで〇・一ミリも被曝していた。ここに毎日四時間いたら、十三日間で二〇ミリに達して翌年の四月まで働けなく

写真中央の細いL字配管の付け根部分が10シーベルト。放射能は目に見えないから、作業員はこういった場所を事前に把握しておく必要がある。

なってしまうことになる（1Fの協力企業の大半は年間被曝上限を二〇ミリ以下に定めている）。

一方、1F構内でもかなり空間線量が低く落ち着いた場所も何カ所かある。西門そばの車両汚染検査を行なう場所や、正門に割と近い「多核種除去設備」の付近では、〇・〇〇七ミリ（七マイクロ）前後しかない。新しい設備を作るために地面を掘り返して舗装したりしているため、結果として放射性物質を除染したことになっているためだ。

逆に1Fを出た街中のほうが除染が進んでいないだけ、高い線量を示すことがある。かつて大熊町内の線量を測定したら、〇・〇六ミリ（六〇マイクロ）あった。このあたりに人が戻るには、まだ長い時間がかかるだろう。

No. 20

こちら双葉郡福島第一原発作業所第20回

二〇一二年十二月二十四日

同僚が次々と辞めていく……。1F作業員がゼロになる日!

「僕、今日で最後なんです。線量がいっぱいになっちゃって」

うだるような暑さが続く八月、まだ顔にあどけなさの残る桃井君(仮名)は私にそう言った。二〇代の彼が福島第一原発(1F)で働き始めたのは今年一月。電気工事士として、壊れた電源盤などの復旧作業を担当した。放射線量の低い現場が多く、七月までの累積被曝線量はほぼ一ミリシーベルト。工期が終了したために退社し、今度は別の協力企業に入り直して引き続き一Fで働いている。

新しい作業は、壊れた除染装置を修理する仕事だった。漏れ出る放射線と格闘するうちに被曝線量はあっという間に増え、わずか二週間で一五ミリまで達した。元請け企業の年間上限被曝量は一六ミリ。このままいれば許容値を上回るため、1Fの仕事を辞め除染作業員として働くことにした。除染といっても警戒区域外の仕事なので、被曝する心配はないという。桃井君の同僚は七月頃には一五人以上いたが放射線を浴びすぎて、秋まで残っていたのは三人だけだ。

東電がまとめた作業員の被曝量に関する調査によると、昨年三月から今年十月までに外部被曝と内部被曝の合計値が二〇ミリを超えた人は四六六五人、全体（二万四五七五人）の一九％。これに一〇ミリ以上二〇ミリ未満の三六一五人を加えると三四％に跳ね上がる。ほとんどの会社の年間上限被曝量が二〇ミリ程度に定めていることを考えると、1Fで働く作業員のほぼ三人に一人が、上限超え間近な状態にいる。

しかも、1Fの登録作業員二万四〇〇〇人のうち、一万六〇〇〇人は登録を解除していたことが先月明らかになったばかり。残り八〇〇〇人で廃炉作業を安全に進められるのか疑問だ。

私の周りでも、次々に作業員が辞めている。線量が上限に近づいたり、待遇の悪化に嫌気がさしたり。仕事が減り、人が余っているからと首を切られた人もいる。元請け企業の社員なら1F以外にいったん配置換えして、また戻ってきてもらうことも可能だが、下請け作業員は「ご苦労さん」のひと言であっけなく仕事がなくなる。

こんなことが続けば、間違いなく人手不足に陥るだろう。東電は、「登録を解除しても、再び戻ってくる人がいるから、短期的には作業員の確保に問題はない」と楽観的だが、果たしてそうだろうか。私は「短期的」も怪しいと見ている。

私の同僚には、震災後の混乱していた時期に一Fの仕事に就いたため累積被曝線量が五〇ミリに近くなった人が大勢いた。そのうちの何人かは、待遇の不満を訴えて一Fの仕事を辞めた。彼らは今後、一Fに戻るつもりはないという。被曝して、なおかつ給料や危険手当を上位会社にピンハネされるぐらいなら、原

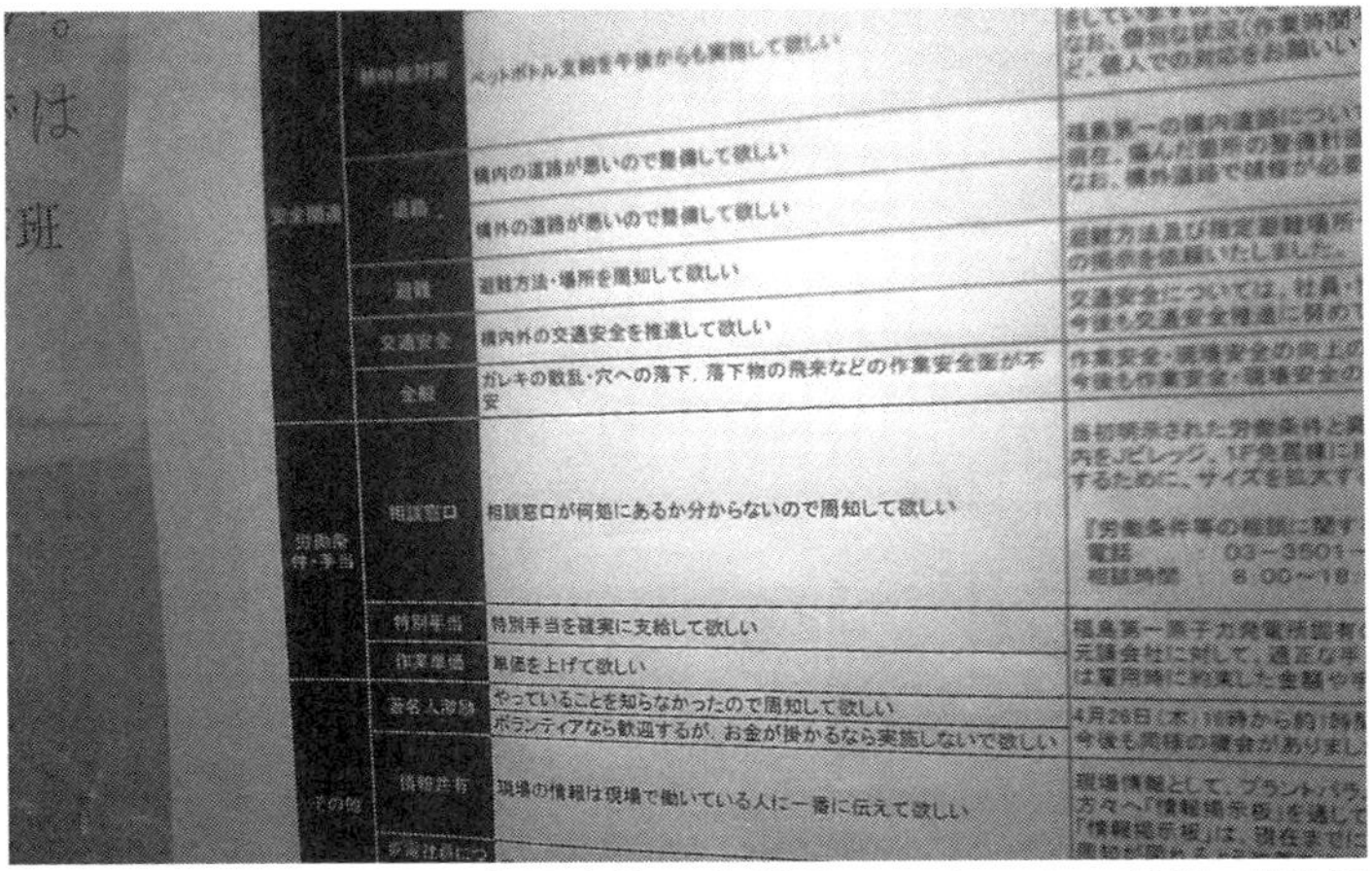

免震棟に張ってある、東電実施の作業員アンケートの結果。「単価を上げて欲しい」「特別手当を確実に支給して欲しい」などの要望が相次ぐ。

発を出てほかの職場で働くほうがましというわけだ。

震災直後は地元経済がずたずたで、原発で働くしか選択肢がなかったが、多少落ち着いた今では仕事が探せる。それに、本人は仕事と割り切って一Fで働いていてもやはり家族からは反対されている人が多い。

作業員集めはだんだん困難になっていくだろう。そんな状況では暴力団などが介入する余地がこれまで以上に発生してしまう。

解決策は待遇の改善に尽きる。この連載で何度も伝えてきた、多重派遣・偽装請負・ピンハネ禁止を徹底し、雇用保障。手当の充実をすることだ。さもないと、作業員確保ができなくなる日はそう遠くないと思う。

No. 21

こちら双葉郡福島第一原発作業所最終回

二〇一二年十二月三十一日

相当の線量を食らったので、私は1Fから出ることになりました

野田首相が福島第一原発（1F）事故の収束宣言をしてから一年がたった。「収束」の根拠は、原子炉が冷温停止状態を達成し、トラブルが起きても一Fの敷地の外に放射性物質が漏れ出さないはずだからだという。

だが、私はこの連載を通じて、収束からは程違い状況にあることを訴えてきた。理由はいくつかある。まず放射線量の極めて高い場所が依然としてあることだ。

例えば2号機。今年三月、格納容器内の放射線量が毎時七三シーベルト（七万三〇〇〇ミリ＝七三〇〇万マイクロ）あることがわかった。五分も滞在すればほぼ一〇〇パーセント死亡する線量で、こんな場所で人が収束作業をするのは不可能だ。研究されているというロボットでの作業もまだ心もとない。

外部の放射線量も依然として高い。一Ｆが立地する大熊町で、私のＡＰＤ（線量計）は六〇マイクロを示した。わずか一七時間滞在しただけで、一般人が一年間に浴びてよい一ミリを超える線量だ。しかし野田総理は「事故そのものは収束に至った」と言ったのだから、このときはさすがに避難民から大きな反発を食らった。

一Ｆでは、依然トラブルが相次いでいる。原子炉が安定状態を保っているのは水を注いで冷やし続けているからだが、その装置が頻繁に故障する。除染装置が止まったり、ポンプが壊れたり、ホースから汚染水が漏れ出したりと問題だらけだ。これでは、またいつ原子炉が暴走するかわからない。

こうしたトラブルの多くは、施工が悪いために起こる。その原因は、未熟練工が多いことに加えて、作業環境が格段に悪いためだ。私が原子炉建屋の近くで作業をしたときには、みな被曝を避けたいから、現場の雰囲気はピリピリしていた。少しでもまごつくと、「何してんだ！　よけいな線量食っちまうだろう」と怒声が飛んできた。

何しろ、全面マスクは息苦しいだけでなく、視界が狭い。空気漏れでマスク内が曇ったりしたら、途端に見えなくなってしまう。手袋も四重にするので指先の自由が利かず、ネジ一本締めるのも大変だ。こうしたことが焦りを生み、雑な作業へとつながる。政府が考えているほどに収束作業の見通しは甘くない。

誰もやったことのない作業を進めながら廃炉へたどり着くために、現場の人たちは毎日、薄氷の上を歩いているような感覚に襲われている。それなのに、そんなことはお構いなく「収束」と言い切り、事を進めようとする政府や東電本店のやり方には、無責任さを強く感じる。

そんななかで今の一Ｆが一歩ずつでも前進できているとしたら、それは何よりも作業員のおかげだ。キレると何をするかわからない北浦さん、朝から下ネタ連発の利根川さん、作業中に尿意を催すと所構わず小便してしまう本町さん（以上、仮名）。どうしようもない人たちだけど、彼らが体を張って働いているからなんとか原子炉の暴走を抑え、国民の安全が保たれている。だからせめて、東電や下請け会社はピンハネやあっけない首切りなんかやめて、その努力に報いてほしい。危険手当もきちんと行き渡るよう、国や東電は対策を立ててほしい。さもないと働く人が本当にいなくなってしまう。その思いで、私は作業員をしながら連載を続けてきた。

私は、このたび予定していた線量を浴びてしまったこともあり、1Fの仕事を終えることとなった。よって、この潜入連載も今回でひと区切りとします。今度は外から原発事故とその余波を追っていくつもりです。次までに、1Fの状況が改善していることを願いつつ。また、誌面でお目にかかりましょう。

No. 22

世界一ブラック職場イチエフ作業員残酷体験記2015

二〇一五年十一月九日

ピンハネで日当六〇〇〇円！　今年に入って四人死亡、一時間で二〇ミリシーベルト被曝する、「ジャンパー」という秘密の仕事もあり……

福島第一原発では、レベル七の大事故から四年半以上がたった今でも、汚染水漏れが多発するなどトラブルが絶えない。これは、収束工事の計画自体がずさんな上、被曝を伴うため熟練作業員の長期固定化が難しく、全国から集めてきた経験の乏しい作業員に頼るしかないことが大きい。

そんな折、週プレに過酷な現場状況を告発しようと一人の作業員が現れた。その話に耳を傾けると、大量被曝する高線量エリアに人を送り込みながら、給料や危険手当のピンハネは相変わらず日常茶飯事的に行われていることが明らかに。原発の再稼働を進め、事故は「アンダーコントロール」と公言する安倍首相だが、現場の実態は何も変わっていないようだ。

福島第一原発の作業員といえば、給料をピンハネされるのは当たり前。危険手当も十分にもらえないのに、被曝して働けなくなれば簡単に使い捨てにされる。あまりのヒドさに現役作業員が東電や元請け企業などを提訴するケースも起き、今年九月には被曝が原因でがんを発症したとして元作業員が訴えを起こした。

作業もキツイものが多く、死亡事故や熱中症で倒れる例も後を絶たない。今年一月には福島第二原発と合わせて二日連続で死亡事故が発生。八月にはバキュームタンクのふたに頭を挟まれた作業員が亡くなり、その一週間後には作業終了後に体調不良となった三〇代の男性が死亡している。被曝の危険性もあるのに待遇も悪いという点では、〝世界一のブラック職場〟といってもいいだろう。

「廃炉作業の現場で、下請けの作業員は被曝しているだけでなく、立場的にも虐げられているのが、自分で働いてみてよくわかりました」

怒りの口調でこう話すのは、今年二月から福島第一原発で下請け企業の作業員として働いたA氏（四八歳）だ。A氏はもともと千葉県で農業などをやっていたが、未曽有の原発事故を目にし、復興事業に貢献したいと考えて作業員を志願した。

二〇一四年夏にネットの求人サイトで福島第一原発の仕事を見つけるが、最初からいいかげんで驚くことの連続だったという。

「条件の良さそうな下請け会社から作業員として採用され、全国から集まった作業員たちと一緒に福島の元請け企業へ挨拶に行ったときのことです。事務所に入ると、ヤクザ口調のおやじが出てきて、持参した書類に目を通すと『おまえらダメだよ。働けないやつが何人もいる』と。

どうも、仲間の何人かは年齢や健康状態などが原因で原発に行けないらしいのです。私たちを採用した下請け会社は、原発で働けるから呼び寄せたはず。訳がわかりませんでしたよ。その場で下請け会社の担当者とそのヤクザ口調のおやじが押し問答になりましたが、こちらはしょせん下請け。仕事を東電から請けている元請けのほうが立場が強い。このときは結局、全員が仕事にありつけませんでした」

その後、A氏は別の会社を見つけ、三カ月契約で第一原発に入ることになった。仕事の内容は、原子炉3号機内にたまった滞留水をくみ上げるためのモーターや電源の設置だった。

「元請け企業は原発プラントを製造する東芝で、その二次下請け会社の採用です。電源設置といっても、私を含めて一緒に入社した仲間たちは電気関連の技術なんか持ち合わせていません。だから力仕事専門に雇われたようなものです」

そこで待ち受けていたのは、ぶっ倒れてしまいかねない過酷な作業だった。

「長さ三〇ｍはあるとてつもなく重い電気ケーブルを一〇人ほどで肩に担いで運び入れ、数人がかりでそのケーブルの束を、エフレックス管と呼ばれる保護カバーに差し込みます。それらをつなぎ合わせて長さ一〇〇ｍ以上になったら、今度は人力で持ち上げて天井や壁に固定するのです。全面マスクのせいで息苦しい上、冬場でも体中から汗が噴き出してきます。夏など熱中症が心配で、日中にやるのは無理なほどの重作業です」

爆発した原子炉建屋内は汚染水の排出ポンプから出るホースや、いろいろな装置の電源ケーブルなどがはい回り、足の踏み場もない。A氏は、ほふく前進したり、辺りをよじ登りながら作業を進めた。時折、頭上にボトボトと落ちてくる水滴もあり、汚染水かもしれないと恐怖を感じていたという。

防護服、手袋、靴下などは使い捨て。一日で膨大なごみとなる！

装備も重装備だ。

「手には布手袋の上からゴム手袋を二枚、さらにその上に軍手をします。足には特別な安全靴を履きますが、靴下は軍足二枚履きです。防護服も二枚重ねで着用し、顔は全面マスクで覆います。これでは指も動かしづらく細かい作業は難しいし、呼吸も制限されて息苦しい。しかし、原子炉建屋の中でもさらに危険な場所に行く作業員たちは、被曝防護のために、ほかに重い鉛ベストを着ていました」

補足すると、原発内を飛び交っている放射線のうち、ガンマ線は厚い鉛やコンクリートぐらいでないと遮蔽できない。つまり防護服を重ね着しただけでは効果がなく、Aさんら作業員の体は常時、放射線が突き抜け、被曝にさらされる状態なのだ。それでも手袋や防護服を何重にもするのは、人体に放射性物質が付着し、作業後あちこちにまき散らさないようにするための「汚染拡散防止」のためだ。

一日に出るごみも相当な量に上る。防護服、布手袋、ビニール手袋、靴下、布帽子などは最低一日二、三着から多いときで一〇着程度を使い捨てる。長袖シャツと長ズボンの下着も今は洗濯しているが、原発事故から二年ほどはすべて使い捨てだった。福島第一原発だけで作業員は七〇〇〇人ほどもいる。デュポンなど防護服の納入メーカーやごみの廃棄業者は、廃炉作業でめちゃくちゃ潤っているはずだ。そうした莫大な費用も税金から注ぎ込まれている。危険な原子炉建屋の作業を請け負うA氏の被曝量は次第に増えていった。

「実働四時間ほどで、最初の一週間は日に〇・〇一ミリシーベルト程度の被曝でした。しかし、翌週はその一〇倍高い、日に〇・一ミリシーベルト、その翌週は多いときで日に〇・三ミリシーベルトに増えました。三月に入ると、年度末で工期が迫ってきたこともあり、約一ミリシーベルトを浴びた日もありました。その日のことはよく覚えています。作業中に携帯しているAPDと呼ばれる線量計は、一定の線量に達すると段階的に警報音が鳴るのですが、この日はやけに早いのです。

おかしいなあ？　と思っていると、人が入れない高線量の場所で作業をしているロボットが壊れてしまい、それをほかの作業員たちが近くまで運び出してきていたのです。彼らは被曝除けに鉛ベストを着ていましたが、そんなことを知らない私たちは防護服だけ。結局、汚染されたロボットから飛んできた放射線で予定以上に被曝してしまい、その日は作業を中止して引き揚げざるを得なくなりました。危険な場所の作業でもお互いの連絡もなく、作業員は本当に使い捨てなのだと痛感しました」

法令では、原発作業員の被曝限度を五年で一〇〇ミリシーベルト、一年で最大五〇ミリシーベルトと定めている（通常作業の場合）。ただ、元請け企業ごとに、これより低い限度を定めていることが多く、実際には年間一五から二〇ミリシーベルト程度だ。A氏はわずか二カ月でこの限度量に近づいてしまったわけだ。

「三月を終えたときの積算被曝量は一二ミリシーベルトを超えていました。東芝の定める上限が一五ミリシーベルトでしたので、それに近い数値です。うち一〇ミリシーベルトほどは三月だけでの被曝。こんな大量被曝が体にいいわけはありませんが、年間の線量管理の区切りが年度末の三月で、四月からはゼロになるため、こうしたことも起きるのです。もっともこんなことさえ考えず、初めから作業員を使い捨てるヤバい作業もあります。それが『ジャンパー』と呼ばれる仕事なのです」

五分で二〇ミリシーベルトも被曝し、日当二〇万円の仕事も

原発事故処理作業員を「ジャンパー」と呼ぶことがあるが、ここで言うジャンパーは、極めつきの危険作業を請け負う人たちのことだ。「一般作業員が入れない高線量の場所に進入し、通路に散乱する汚染瓦礫を撤去して作業路を確保する。倒れて動けなくなった偵察ロボットを起こしてくる。超高線量の物質に遮蔽板をかぶせてくるなど、危険だが誰かがやらないといけない作業の請負人です。大量に被曝するため、五分、一〇分といった短時間で終わらせますが、それでも二〇ミリシーベルトも被曝することがあります。命をかけた仕事だから給料もその分良く、日当二〇万円のことも。私たち作業員の日当が一万二〇〇〇円から二万五〇〇〇円ぐらいですから、それと比べると極めて高い。でも、すぐ被曝限度に達してしまうので一日やったら終わりです。こんな仕事はまず公表されず、内々で募集されています」

A氏が話を聞いたのも、知り合いの作業員からだった。

「中堅元請け企業の東京エネシスが、このジャンパーの仕事をよく請け負い、その下請けが求人してくると話していました。そこで働いていた人の話では、一日二時間の作業で被曝量は一・二ミリシーベルト、日当は三万五〇〇〇円。これなどまだ被曝が少ないほうで、一週間限定で採用された人たちは、毎日三ミリシーベルトの被曝で六日働き、合計一八ミリシーベルトになったら終わり。給料は三〇万円とのことでした。もっとヤバい作業も入ってくるというから、完全に人の使い捨てです」

福島第一原発事故翌年の二〇一二年、作業員の林哲哉氏が除染装置の修理のため、一時間に六〇ミリシーベルトという超高線量の場所へ行かされそうになったことがある。採用時に何も聞いていなかったとし

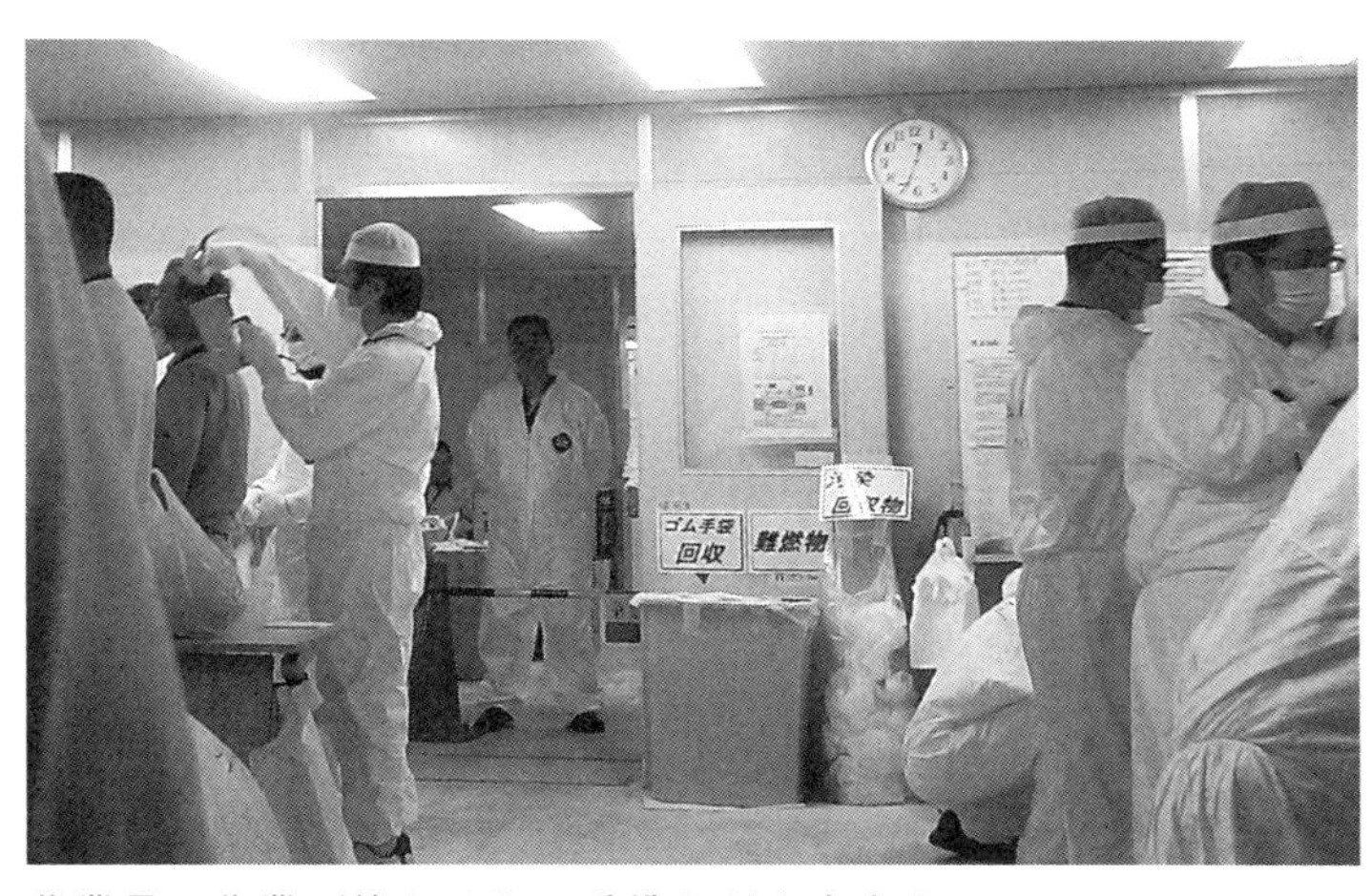

作業員は作業が終わると、手袋などを廃棄する

て、林氏が東京エネシスをはじめとする関連企業を告発し、マスコミが取り上げてニュースになった（本誌二〇一二年四九号に詳細）。それから三年以上が経過しても、依然として危険な作業が残っているのだ。

A氏は三カ月の契約期間を終えた後も、原発作業員としての仕事をするために会社を移る。今度の元請会社はゼネコンのS社で、契約を交わしたのはその二次下請け会社だった。

「ここの担当者も横柄で、上から目線で作業員を扱っていました。契約は一カ月更新、さらに最大積算被曝量は四〇ミリシーベルトも覚悟しておけというのです。しかも、東電が増額した危険手当分は払わないというヒドさです。仕事の内容は原子炉建屋周辺の汚染土をはぎ取り、それをトン袋と呼ばれる土嚢のような袋に入れる仕事。あたりは格納容器のベントをしたときにいろんな核物質が飛び散っている危険な場所です。これはえらい会社に来てしまったと思いましたが、いまさら契約しないわけにはいかないので、サインしました」

東電は二〇一三年十二月発注分から、福島第一原発作業員への危険手当を日額一万円から二万円に引き上げることにした。だが、下請け企業のピンハネによって作業員まで増額分が行きわたっていないといわれている。そしてA氏はそれを目の当たりにすることになる。

実際、一月から働いた東芝の二次下請け企業では、日当は一万五〇〇〇円だが、高線量手当は日額五〇〇〇円しかつかなかった。S社のやり方はさらに悪質だ。日額一万八〇〇〇円の高線量手当を提示して批判の矛先をかわしながら、その分、日当をわずか六〇〇〇円に抑えていたのだ。福島県の最低賃金は時給六八九円。八時間労働で五五一二円が最低日給となるため、A氏はほぼ最低賃金で世界一危険な原発収束作業をやらされていたことになる。

しかも、ここから日額二五〇〇円の寮費と食事代を会社に支払っていた。その寮にしても「床が抜けそうな古い施設で、今年五月に火災事故が起きて死者が出た川崎市の簡易宿泊所と変わらないレベル」だったという。

廃炉まで四〇年以上、数十万人の作業員が使い捨てにされる？

A氏は原発作業中、マスコミには決して公表されないような事件も目撃している。それが、東電社員による線量計（APD）紛失事件だ。

「震災からちょうど四年目の三月十一日のことでした。新入りの東電社員が研修か視察で第一原発に来ていて、APDをなくしたんです。担当者が血相を変えて探していましたが、その後どうなったのか。噂によると見つからなかったようです。使用済みの防護服や下着は専用の箱に入れるのですが、そのときに胸ポケットからＡＰＤを出すのを忘れ、そのまま廃棄してしまったのではないでしょうか」

放射線管理区域に立ち入る際には、法令で厳しく線量管理が定められている。ＡＰＤをなくしてしまえば当然その日の被曝記録もなくなり、仮に大量被曝したときなど、その量さえ把握ができないのだ。

二〇一二年七月にはＡＰＤに鉛カバーをつけた作業員による被曝隠しが社会問題になっただけに、東電もＡＰＤの管理には神経をとがらせている。

「たまに作業員でも紛失することがあります。一度、東芝の下請け作業員がやってしまい、捜索のために作業班の全員が居残りになったことがあります。放射線管理区域内には一〇時間を超えて立ち入れないため、ＡＰＤはその時間が来るとアラームが鳴るのですが、結局それで見つかりました。連帯責任ということで全員が夜中まで残らされていましたね」

Ａ氏は七月まで作業員として働き、今は普通の生活に戻っている。世間の一般常識が通用しない世界をいやというほど見てしまったため、その〝リハビリ〟期間中だ。

廃炉までの道筋はおよそ四〇年。それまでには数十万人規模の作業員の力が必要となる。しかし、被曝環境で作業をしているにもかかわら

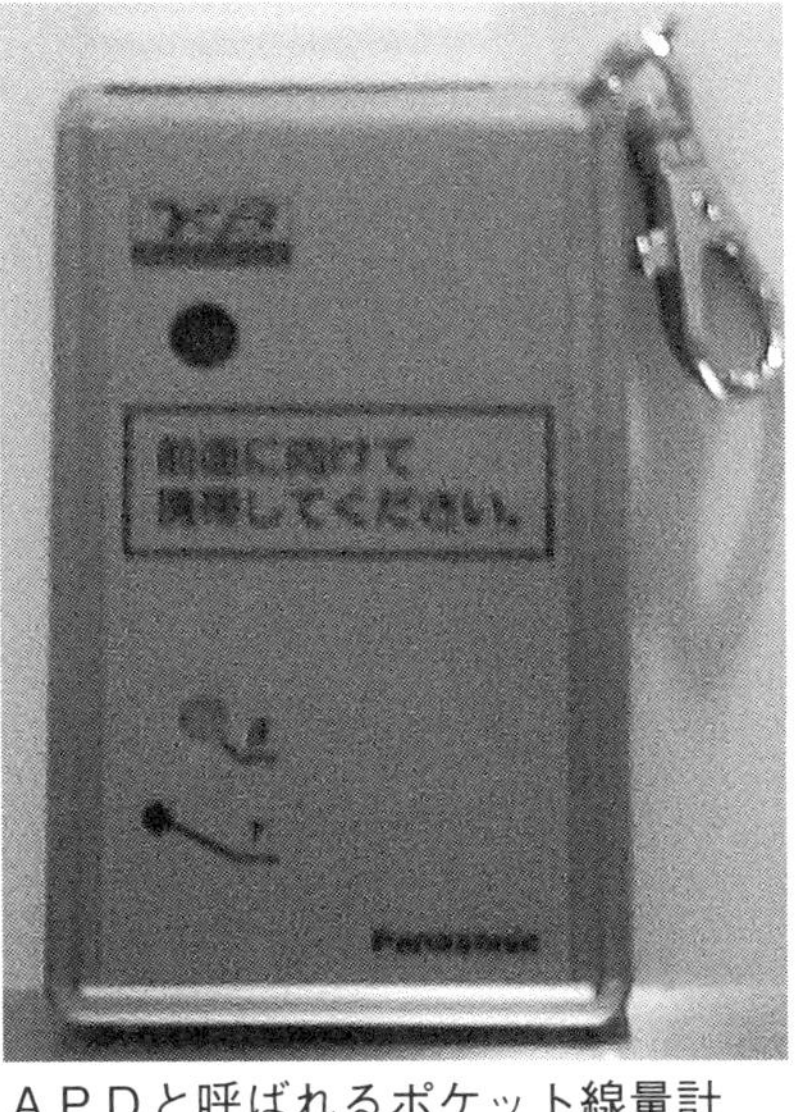
ＡＰＤと呼ばれるポケット線量計

ＡＰＤに手製の袋をつけた

ず、彼らは筆者が二〇一二年に作業員として潜入取材していた頃と同じように十分な報酬や補償を受けられず、使い捨てのように扱われている。

今まで何人かの作業員が声を上げ、東電や元請け企業を相手取り、訴訟を起こしているケースもあるが、それでもA氏の声を聞く限り、現場の状況は何も変わっていない。

結局、原発作業員は補充が利く消耗品ぐらいにしか見られていないのだ。これでは事故現場が本当に「アンダーコントロール」されるまでに何十年かかるかわからない。

No. 23

台風一五号が東日本に〝黒い雨〟を降らせていた

二〇一一年十月十七日

九月二十一日の上陸以降、各地で異常な放射線量を観測。

日本列島に猛威を振るった台風一五号の通過ルートに沿って、放射線量の異常な上昇が計測されていた。

あの横殴りの豪雨が、もし放射能に汚染されていたとしたら。

関東地方各地で線量が大幅に増加

二〇一一年九月二十一日午後二時に静岡県浜松市付近に上陸した大型の台風一五号は、強い勢力を保ったまま東日本を北上し、各地に大きな被害をもたらした。特に首都圏では台風の通過時刻がちょうど帰宅ラッシュの時間帯と重なり、各ターミナル駅周辺では多くの帰宅難民がひしめき合った。

しかし、その大混乱のさなかに、東日本が目に見えないもうひとつの〝非常事態〟を迎えていたことはあまり知られていない。各自治体のウェブサイトで公表されている過去のデータをつぶさに見ればわかることだが、この日、各地の空間放射線量の計測値が異常な高まりを見せていたのだ。

一五六頁図6の地図を見ると、台風通過のタイミングと、各地の放射線量のピーク時刻がピタリと一致しているのに驚くはずだ。

しかも、実はその数値も相当高い。特に関東地方の多くの観測地点では、九月の平均的な値と比較すると実に約五〇～八〇％も放射線量がハネ上がった。

有賀が毎日行っている東京都千代田区神田神保町の屋外測定でも、この日の午後二時頃に〇・一〇マイクロシーベルト／時だった放射線量が、午後七時頃には約〇・二三～〇・二五マイクロシーベルト／時まで上昇した。多くの人にとっては考えたくないことだろうが、台風一五号の豪雨はこの空気の中を通って降ってきたわけだ。

古川雅英教授は次のように解説する。

「大気中には主にラドンなど、自然界に存在する放射性元素が漂っているので、それらが雨で地上へと流れ出し、一時的に二〇～三〇％の線量増加が観測されることはあります。しかし五〇％以上となると、自然状態の放射性物質の降下だけでは説明がつきません。それに、そもそも雨による自然由来の線量増加は降り始めにおこる場合が多い。つまり、二十一日の夕方に急上昇したことは、一般的な自然現象とは考えにくいのです」

台風一五号による雨は、すでに二十日の午前中から首都圏でも断続的に降り始めていた。となると、やはり二十一日の放射線量の急上昇は、汚染された巨大な大気の固まりが一時的に上空を覆っていたことを意味するのか。

台風に吹き込む暴風が汚染大気を運んだ

福島第一原発事故による放射性物質の拡散被害を研究している日沼洋陽氏は、今回の線量増加をこう分析する。

「間違いなく、これは原発事故の影響とみるべきでしょう。私が二十一日の異常に気付いたきっかけは、いつも観察している神奈川県横浜市のモニタリング数値に三月以来最大の変化が現れたことでした。注目すべきは、横浜や川崎地区での放射線量の極大（ピーク）時刻が、東京・新宿よりも三〇分以上も早く現れたことです。

この地域ごとの差は、放射性物質を大量に含んだ雨雲の移動と関係があるのではないかと思い、東日本各地の放射線量測定値を細かく調べてみました。すると、やはり放射能を帯びた巨大な大気の固まりが雨を降らせながら動き回った形跡が見られたのです」

各自治体の測定データから拾い出した放射線量のピーク時刻は地図に示したとおり。ここから日沼氏は何を読み取ったのか。

「おそらく二十日夜に福島で出現した放射能大気の固まりは、台風一五号に向かって反時計周りに吹き込む暴風に運ばれた。そして、山形↓日本海↓北陸↓中部↓南関東↓北関東と、順に円を描きながら汚染雨を降らせたのです。

これほど高い自然由来のラドンが広域で記録されるとは思えないので、やはり線量を上げた放射性物質の大部分は自然界の産物ではなく、福島第一原発事故で断続的に発生しているセシウム137でしょう。十九

図6　9月21日の台風15号の通過ルートと各地の空間放射線量ピーク時間
志賀や敦賀、各務原のピーク時刻が早いのは、台風との距離が遠く“大回りの吹き込み風”の通過ルートだったためだと思われる。

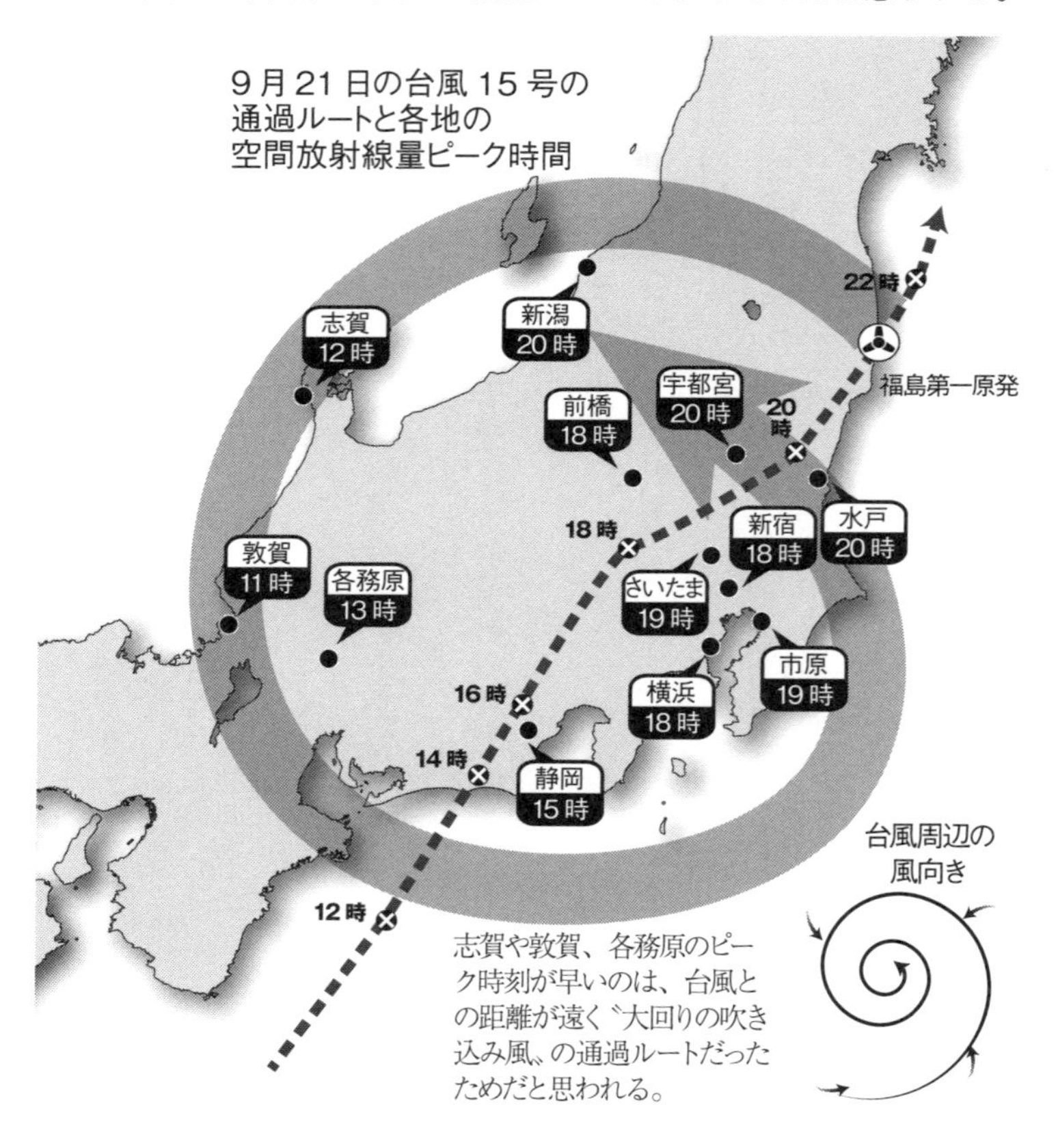

日から二十日にかけて何度目かの再臨界が起きた可能性も否定できませんが、その証拠となるヨウ素131が検出されたという報告は今のところ見当たりません」

恐ろしいことに、今回の線量増加は福島から遠く離れ、山岳地帯を隔てた北陸地方でも観測されている。日沼氏が続ける。

「三月の原子炉爆発事故では、群馬・長野県境の山岳地帯に阻まれ、西日本への拡散は避けられました。しかし、今後は大型台風が通過するたびに、中部・近畿地方へ汚染が広がることも覚悟しなければなりません」

福島第一原発事故で大量に放出された放射性物質は、秋を迎えると台風、落ち葉、汚染車両の移動などで全国へ広がっていく。

そんなシミュレーションは、早くも現実となってしまった。こうした〝二次被曝〟の拡散ルートを研究している小川はこう語る。

「まず考えられるのは、三月に阿武隈山地などに大量降下した汚染物質が暴風によって再び上空に吹き上げられたということ。風速二〇mほどの強い気流であれば十分に起こりうることですから、今回の台風では間違いなく大量に飛散したでしょう」

また、さらに深刻なのは、広範囲に撒き散らされた放射性物質の〝出どころ〟が一カ所ではない可能性が高いことだという。小川が続ける。

「台風が通過した直後の九月二十二日には、福島第一原発1号機内の配管に高濃度水素が充満していると発表されましたが、これは三月の爆発事故の残りでも、高熱のために炉心材のジルコニウムから発生したものでもない。被曝がれきや溶融燃料などの極めて強い放射線が水を分解する際の化学反応で、新しく水素が生まれている証拠なのです。

つまり、福島第一原発の事故施設からは、今も高濃度の微粒子が日常的に水蒸気とともに噴出され続けている。台風一五号上陸の前日に1号機と2号機の取水口付近の海水から高いセシウム数値が検出されたことを見ても、二十一日に多くの放射性物質が風に乗ったことは間違いないでしょう。これらの汚染源を完全に処理しない限り、今後もこうした汚染拡大は絶対に止まりません」

三月に降下した〝既出〟の放射性物質と、今も日々漏れ出している〝新規〟の放射性物質が合体した汚染大気が、九月二十一日に東日本を大移動していたというのだ。となると、やはりあの豪雨も汚染された〝黒い雨〟だったと考えるしかない。

新宿や上野の線量は五倍以上に

だが、もちろんその雨を直接浴びてなかったといって安心はできない。湿った空気に含まれた放射性微粒子は、あの強風で相当な広範囲へ拡散し、降下したとみて間違いないからだ。

台風が過ぎ去った二十二日、福岡県北九州市で開かれていた日本原子力学会で、まるでタイミングを見計らったかのような研究結果が発表された。放射性セシウムは、福島第一原発から大気中へ漏れ出たときよりも、いったん地面に降下したものが風で舞い上がったときのほうが微粒子数が多くなる。それを体内に吸い込むと、内部被ばく量はなんと約一〇倍になるというものだ。

「今後、台風はもちろん、強い季節風などが吹くときには原子力安全委員会が〝SPEEDI〟（緊急時放射能影響予測システム）のデータを公開すべきです。福島の事故現場からの流出だけでなく、すでに地表に落ちた放射性物質の拡大から国民の健康を守るためには、このシステムの有効活用が最大の決め手になる。ようやく公表され始めた文部科学省の航空モニタリング調査の汚染マップも、ＳＰＥＥＤＩと併用してこそ真価が発揮できると思います」（前出・日沼氏）

原発事故後、四月末までは存在そのものが隠されていたＳＰＥＥＤＩのデータは、国内外からの強い圧力によっていったん気象庁のウェブサイトで公開されたが、なぜか七月からは再び一般の閲覧ができなくなっている。八月から九月にかけて放射性ヨウ素が各地で検出され、再臨界の疑いもある福島第一原発の現状を考えれば、せめて自分の身を自分で守るための情報は公開してもらわないと困るのだが。

例えば、数千人の帰宅困難者が雨に打たれ、途方に暮れた新宿駅東口は五月初旬の約五倍にあたる最大値〇・六四マイクロシーベルト／時。上野・不忍池の東縁でも同じく五月の五倍以上となる一・三二マイクロシーベルト／時。そして、東京都との境に位置する埼玉県三郷市の大場川付近では、なんと二マイクロシーベルト／時を超えた。

今後、これらの放射性物質は強風が吹けば再び舞い上がる。さらに、まだ自治体の検査では異常値が出ていないが、水道水への影響も懸念材料だ。疑心暗鬼の日々はまだまだ続く。

No. 24

嵐の前の静けさ

二〇一三年十二月九日

二〇一三年十一月十八日、4号機からの燃料棒取り出しが始まった福島第一原発。本誌はその直前、十六日朝に会場一・五kmから〝いちえふ〟の撮影に成功した。日本と世界を揺るがした現場は、燃料棒取り出しという〝嵐〟の直前、穏やかな表情こそ見せていたが、そこにはさまざまな危機が見え隠れしていた。

福島南部の海岸線は崖が一直線に削られていた

二〇一三年十一月十六日午前八時。有賀らのチャーター船は、福島県いわき市の漁港を離岸した。空は雲ひとつない快晴だが、波高し。当日の福島県沿岸は、大型低気圧の影響でストロークの異常に長い大波が押し寄せ、船体は時折跳びはねるような乱高下を繰り返しながら一路真北へ進んでいった。この荒海のなか、著者らが目指した場所は「福島第一原子力発電所」。保安警備上の接近限界とされる沖合一・五kmの海上で学術調査を行ない、さらに原発施設の現状を撮影することが目的だった。

福島県南部の海岸線約三〇kmは、砂岩・泥岩・火山噴出物が何層も重なる、高さ二〇～四〇mの断崖絶壁が続いている。驚くべきは、その崖が数一〇mほどの高さで横一直線に削れていることだ。3・11の本震と津波、そしてその後に繰り返された余震による崩落が、この光景をつくり出したのか。福島第一・第二原発はこの断崖をわざわざ海面付近まで掘り下げて建造されたのだ。津波に襲われたらひとたまりもないのも当たり前。よくもこんな所に造ったものだ。

広野火力発電所を過ぎ、福島第二原発の前を通る。第一原発に比べると、さほど目立った損傷は見られない。キレイな、そして予想よりもこぢんまりした建物だ。そして出航から約一時間、これまで数多くの関連記事を紹介してきた福島第一原発と、ついに至近距離からご対面である。巨大な波のうねりで波高が二～三m、船上は海面から三～四mと考えると、波の頂点からの目線は、大津波の高さだ。取材当日、午前中の「干潮時刻」は八時三四分（小名浜検潮所）だったが、まだ大きく潮が引いているはずの九時過ぎになっても、福島第一原発の港湾部をガードする消波ブロックの防波堤や荷揚げ岸壁は、スレスレまで海水で満ちていた。おそらく満潮や高潮の際には、海水は楽々と陸上にあふれているだろう。これは3・11の巨大地震による地盤沈下が原因だろうが、それにしてもむき出しでスレスレすぎる。

望遠写真でハッキリ見えた排気筒の赤錆損傷部分

事故から二年半、二日後には4号機から燃料棒の取り出しが始まるという福島第一原発そのものの様子はというと、爆発事故直後の映像と比べれば、海岸敷地を埋め尽くしていた建造物の残骸や瓦礫の多くは撤去され、遠目には全体がスッキリして見える。

しかし、細部をよくよく見てみると、原発建屋以外の関連施設の大部分でも壁の破損やヒビ割れなどの痕跡が無数に確認できた。1号機から北西へ約三〇〇m離れた「免震重要棟」でさえも海側に向いた窓ガラスすべてが吹き飛び、ベニヤ板らしきもので仮補修した様子が爆発事故のすさまじさを物語っていた。今年九月五日には1・2号機の北側で突如として大型クレーンが倒れ、施設全体の老朽化が問題になった。特に鉄製の建材などは強烈な放射線と潮風の影響で劣化が加速している。東電によれば、1・2号機の中間にそそり立つ高さ一二〇mの「排気筒」でも八カ所の大きな亀裂が見つかったという。この排気筒の危険状態は海上からも一目瞭然で、特に高さ四〇m前後のタワー鉄骨と、中心に固定された排気筒に大量の赤錆が発生していた。すでにタワー全体が北側へ歪み始めているようにも見えた。この排気筒は1号機爆発直前に格納容器内の高圧放射性ガスを放出したため、筒の内部はひどく汚染されている。亀裂の周辺は一万ミリシーベルトもの高線量というので、これが倒壊すれば1・2号機周辺には即死ものの放射能が広がり、現状の技術では事故処理作業が不可能になる。

そしてもうひとつ、有賀らが今回の取材調査に踏み切った理由のひとつが、4号機の使用済み燃料プールからの燃料棒取り出し作業が実行されようとしていることだった。もちろん、その作業工程は外部からは見えないが、4号機付近で特に準備に向けたような慌ただしい動きも見られなかった。一五三三本の燃料棒取り出しで事故が起これば、さらにひどい放射能汚染が引き起こされる。作業が成功する保証は何もない。しかし、絶対に避けては通れない重要ミッションだ。取材当日の福島第一原発構内はひっそりとした雰囲気だった。それは燃料棒取り出しという、より困難で危険な新段階へ突入する直前の「嵐の前の静けさ」だったのか。作業が始まった今、海上からの接近取材は当分無理だろう。失敗すれば数十年は近寄

図７　福島第一原発沖 1.5㎞の海上撮影位置

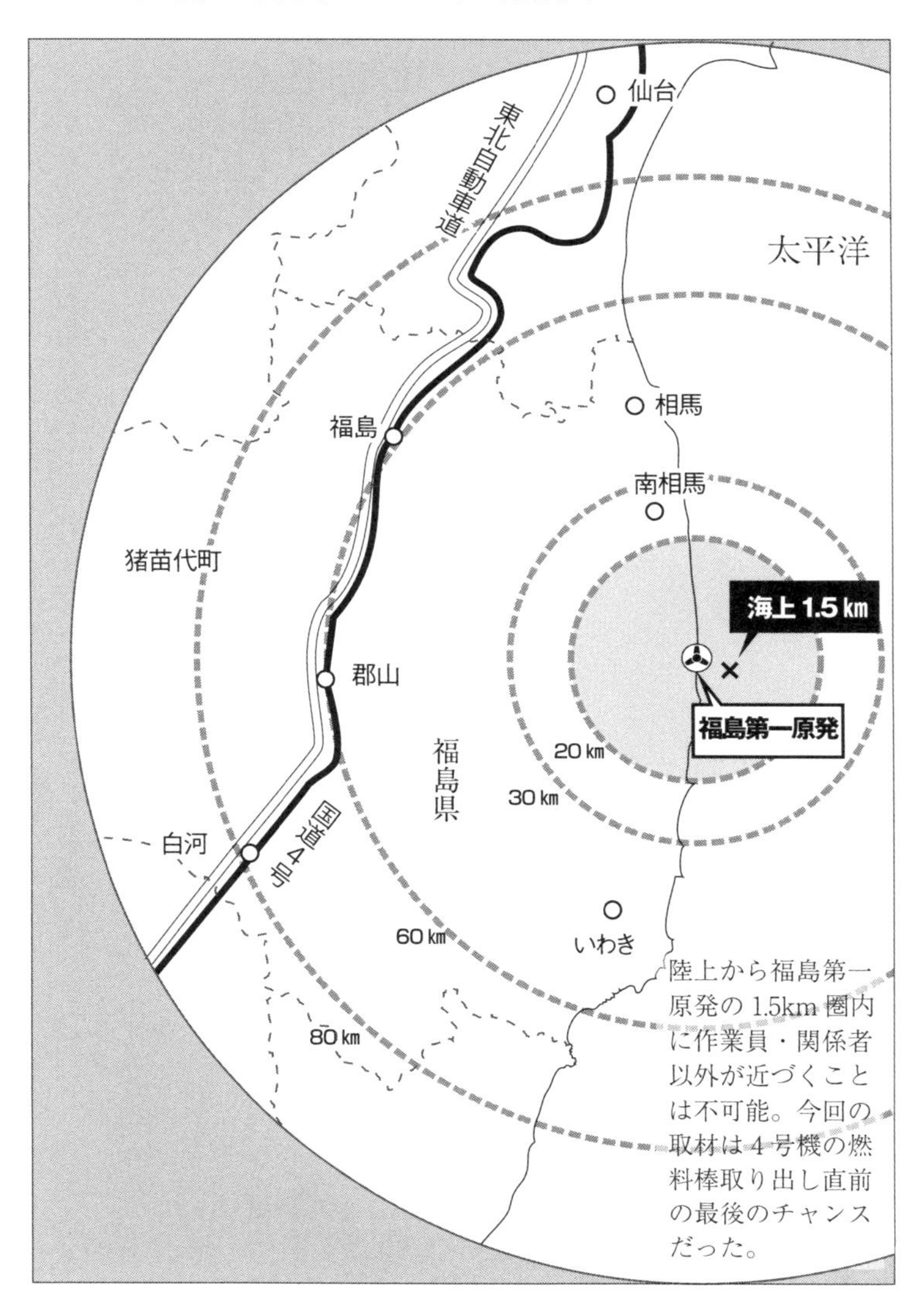

れない可能性がある。この取材は福島第一原発を間近で撮れる最後の最後、ギリギリ間に合った貴重なものになるのかもしれない。

今回、同行した小川の目的は、福島の陸上から海へ流れる地下水に運ばれた放射性物質による「海水汚染」の実態を探ること。ただし、この日の「海水放射線量測定」と「海水サンプル収集」は予備調査で、メインは小川の専門分野のひとつ「衛星画像解析（リモートセンシング）の技術を使い、福島第一原発を中心とする陸上と海上の汚染をできる限り数値化していくことだという。「すでに十月に撮られた衛星画像から、福島第一原発の地下を通って海へ出る放射能汚染水の広がりの概略をつかんでいますが、これから測地衛星が撮った福島の詳細な衛星画像と採取した海水を使って、より正確な数字を出していきます。このリモートセンシング技術は水質汚染の実態解明だけでなく、福島の山野に残り続ける放射性物質の動態まで推定でき、特に気がかりな水源汚染の現状がわかります。それらの水源は相馬市と南相馬市のもので、飲用水と農業用水に使われているのです」（小川）今回の福島第一原発沖取材で得られた情報とデータは専門家などに検討をお願いし、近日中に公開する予定だ。果たして、どのような結果が出るのか。

No. 25 原発作業所

国や東京電力は国民に本当のことを伝えているのだろうか?

私が東京電力福島第一原子力発電所(通称=イチエフ)に潜入取材をしようと決めたのはそんな思いからだった。

福島第一原発事故が起きた二〇一一年当時、原発内部で何が起きているのかを知るには、東電と政府の情報に頼るしかない状況が続いていた。だが、必要な情報が十分に公開されていないことは多くの国民が感じていた。

その象徴が、原子炉内の核燃料が溶融する「メルトダウン(炉心溶融)」に関してで、事故直後、水素爆発を起こした1号機、3号機、4号機のうち、運転停止中だった4号機を除き、原子炉内でメルトダウンが起きている可能性が専門家などから指摘されていた。もしそうなら圧力容器の底を核燃料が突き抜ける「メルトスルー(溶融貫通)」も起こしているかも知れず、そうなれば地下水や海水汚染につながる。しかし、東電は炉心損傷というかにも軽い症状だと思わせる言葉を使い続けることでメルトダウンを否定。結局、メルトダウンを公表したのは事故から二カ月後となる二〇一一年五月十二日だった。

だが、私は取材を通じて、国と東電が事故の数日後にはすでに一号機のメルトダウンを知っていた証拠を持っていた。つまり、重要な情報を国民に二カ月間も隠し続けていたのだ。このように公式な情報は、いつも核心部分に触れられていない。外から見ていても分からない以上、福島第一原発で働き、そこで起きていることを国民に伝えることこそがジャーナリストの自分がやるべきことではないか。そう考えた私はイチエフの求人を片っ端から当たり、作業員として働く機会を得た。

私がイチエフで働いたのは野田佳彦首相が原発事故の「収束宣言」をした二〇一一年十二月より後だが、現場の人間ですでに事故は収束したと考えている人など皆無だった。原子炉建屋周辺だけでなく、構内の何カ所かに毎時数十ミリシーベルト程度の高い放射線量の場所があり、一歩間違えればいつ大量被曝するか分からない状況だった。作業員は個人線量計を持たされ、その日ごとの被曝許容線量が管理されているとはいえ、それでも超えてしまうことがある。ましてや私の場合は潜入取材が目的だから、持ち場を離れて原発内を動き回り、いろんなものを見る必要がある。ときには毎時一五シーベルトなどというとんでもない高放射線量の場所へも足を運び、多くの写真を撮影した。人間は全身に八シーベルトを浴びると一〇〇%死亡すると言われるため、かなり危険な場所だった。いまでも自分がどれだけ被曝したのか分からない。

本文でも触れたが、イチエフでの作業はとにかく困難なことが多かった。それは被曝や汚染を防ぐための特殊な装備をしているためだ。顔全体を覆う全面マスク、タイベックスと呼ばれるポリエチレン製の汚染防止服、何重にも重ねる手袋と靴下、そして長靴。これらを装備したうえで隙間をテープで目張りする。

まず、これだけの装備だと会話が難しい。どこの工事現場でも同じだが、大勢の作業員が働く場所では指示や連絡がつきものだ。特に共同作業の場合には、安全上からもちょっとした声掛けも含めて声によるやり取りが欠かせない。しかし、全面マスクのために周囲の音が聞きとりにくく、横にいる同僚の声さえきちんと聞こえないのだ。そのために常に大声を出さないといけないし、また自分が何を指示されているのかをきちんと聞き取らねばならない。聞き間違いをして違う作業を始めてしまうと、思わぬ事故につながることもあるだけに神経を使った。

指の自由も奪われた。手には綿手袋、ゴム手袋、軍手を重ねてはめる。すると厚みで指は思うように動かなくなる。汚染水を流す配管を結合するためにホース同士をボルトで繋ぐ作業など普段なら何でもないが、ボルトをきちんと指で支えることさえ慣れが必要だった。フランジと呼ばれるつなぎ合わせの部品を締めるボルトは適正な順番で正しいトルクで締め付けないとわずかな隙間から汚染水が漏れ出す。しかし不自由な指の動きに加え、時間をかけていたらそれだけ被曝するという焦りもあり、大雑把な作業になりがちだった。

暑さも大敵だ。福島県の浜通りに位置するイチエフの夏の気温は摂氏三〇度を超え、湿度も高い。ただでさえ暑いのに、汚染の高い区域ではタイベックスを二重に着こんだりするため、体感温度は五〇度を超えるといわれた。作業中に流れる汗の量は半端ではなく、二時間以上の連続作業は危険だ。実際、熱中症で倒れる人が相次ぎ、持病を持っていた人などは作業中に倒れてそのまま亡くなる人もいた。私たちも二時間ごとに構内にある休憩所に移動して三〇分ほどの休憩をとったが、初めにやることは大量の水分を口に含むこと。休憩所にはスポーツドリンクのサーバーが置かれているが、真っ先にそこへ向かい、二リットルほどの水分をガブ飲みした。そうでもしないと次の作業に入れなかった。

原発が一旦事故を起こすと、大変な労力と金がかかる。イチエフの収束作業に関わった作業員は五万人を超え、事故から八年が経過したいまでも溶け落ちて固まった燃料デブリの取り出し方さえ決まっていない。かかる費用も膨大で、廃炉、中間貯蔵施設、除染、賠償を合わせた事故収束費用は約二一兆円。これは国家予算のおよそ五分の一にあたる。さらに深刻なのは、福島原発の廃炉さえ見通せない状況なのに、経産省と電力業界寄りの安倍政権が国内にある他の原発の再稼働を進めていることだ。

これを書いている二〇一八年五月時点で再稼働中の原発は玄海3号機、高浜3号機、大飯3、4号機の合計四基。今後もこの数は増え続け、新増設の話も出てきそうな気配だ。原発など不要と考える人が国民の過半数を超える。だが、何も変わらない現状に諦めてしまっているようにも思える。日本は、福島第一原発事故をきっかけに脱原発を決めたドイツやイタリアとは大違いだ。しかも、新たな原発事故が起きない保証はない。いくつもの海洋プレートが交差する日本では、南海トラフ巨大地震を始めとする東日本大震災級の地震が起きると言われているからだ。こうした危機管理の甘い状況に警鐘を鳴らすためにも、ひとたび事故を起こした原発を収束させるにはどれだけの労力が必要なのかを記した私の収束作業体験記が役立ってもらえれば何よりだ。

あとがき

本書の最終原稿をまとめているときに沖縄から突然、連絡が入った。南風原パチンコ店の強盗容疑で起訴された赤嶺武さんのご家族からの敗訴の報であった。既に十年にもなるこの裁判は、防犯カメラによる個人識別などが争われた。那覇地裁から始まった本件は、最高裁で敗訴が確定した。残るは再審請求だけである。一審は岡島実弁護士他が担当し、敗訴、控訴審は途中弁護団が分裂し、岡島弁護士解任ののち佐藤博史弁護士他が担当し、再び敗訴した。最高裁敗訴に至り、赤嶺さんは既に二四〇〇万円もの出費をして、途方に暮れていたのである。その費用の中には弁護費用とはみなせない経費が含まれ、しかも半数は領収書もなかった。佐藤弁護士の「支払えないなら、弁護団を解散するぞ」との恫喝に、支援していた六人の年金暮らしのお姉さんたち（六二歳～七九歳）も既に限界を超えていた。人権派弁護士をもはや信頼できない状況にあったのである。佐藤弁護士は足利事件控訴審の担当弁護士である。

反原発裁判の審理もまた、弁護士が中心に行われている。その理論的な根拠は主として、武谷三男と高木仁三郎によるもので、絶対的に信頼されてきた。二〇一一年三月十一日、福島第一原子力発電所を襲った大地震と津波により、原子力発電所は制御不能に陥った。当時、著者（小川）は、遠くタイのバンコクでリモートセンシングのワークショップに参加していた。チュラロコン大学のコンピュータに飛び込む福島の状況は、驚くべき内容であった。反原発の論者たちはたちまち応答し、その様子はYouTubeを通じて詳細に世界に発信された。

著者はそれから一カ月、プーケットでほとんど徹夜に近い作業で、次の学会に合わせて解析を進めた。それらの内容が前書『放射能汚染の拡散と隠蔽』（緑風出版）と今回の本書に集約され、同時進行した週刊プレイボーイ誌の記事となった。反原発では当然とされる、原発の東京への送電や水素爆発が実際には当然ではなく、疑問を投じたのが前書とその続編の本書である。武谷・高木の反原発の理論的根拠は絶対ではなかったのである。致命的な見落としには、広島と長崎の貯水池の汚染があり、福島の現在もまた水源の汚染が見落とされている。

チェルノブイリの現在もまた甲状腺異常や発がんがあり、福島の今後、その将来を暗示している。現在の広島と長崎のがん死の異常な高さをどのように説明するのか、福島もまた同様に、がん死が今後、訪れるのであろうか。反原発の運動に問われる深刻な問題である。共通しているのが、行政の対応である隠蔽である。市民は何も知らされずに、放射能汚染水を飲み続けるのである。水道水の水質項目には放射能の項目はない。

原子力の推進派は、当初のピエロ役としての御用学者や原子力村の専門家から、開沼博や高嶋哲夫に変わっている。実に洗練されてきている。反原発派に問われるのは、現代科学の最高水準の学問の提示である。人工知能やビッグデータを基にした理論的根拠も求められているのである。なによりも、武谷・高木の理論的根拠からの脱皮である。ＮＨＫの若いディレクター鈴木章雄のメルトダウンシリーズ「廃炉への道」でのＩＢＭのワトソンの採用は、実に新鮮であった。３Ｄソフトも多用されている。この七年間の中では最も将来を示唆する有力な方法を提示している。

本書は、小川が「まえがき」「解明されていない問題点」「福島第一原子力発電所の二次汚染」そしてこの「あとがき」を執筆し、桐島が「こちら双葉郡福島第一原発作業所」「解説」を執筆した。

最後に、毎週捨てられていく週刊誌記事を基にした本書の刊行を快く支援していただいた緑風出版の勇気ある行動に感謝したい。

参考文献
1　高木仁三郎（編集）『スリーマイル島原発事故の衝撃』社会思想社、一九八〇年。
2　太田時彦『水素エネルギー』森北出版、五二頁、一九八七年。
3　東京電力、福島原子力事故調査報告書、二〇一二年。

[著者略歴]

小川進（おがわ　すすむ）

長崎大学大学院元教授（工学博士、農学博士）

主な著書：『LNGの恐怖』（亜紀書房、共訳）、『LPG大災害』（技術と人間、共著）、『都市域の雨水流出とその抑制』（鹿島出版、共著）、『阪神大震災が問う現代技術』（技術と人間、共著）、『防犯カメラによる冤罪』、『放射能汚染の拡散と隠蔽』（緑風出版）、学術論文303編。

桐島瞬（きりしま　しゅん）

週刊朝日、アエラ、週刊プレイボーイ、フライデー、女性自身などの週刊誌を中心に活動するジャーナリスト。主な取材テーマは、原発、エネルギー、災害、沖縄など。福島第一原子力発電所の事故後には収束作業員として働き、原発内部の様子を克明に報告した。共著に『放射能汚染の拡散と隠蔽』（緑風出版）

福島原発事故の謎を解く

2019年5月20日　初版第1刷発行　　定価1600円＋税

共著者　小川進・桐島瞬 ©
発行者　高須次郎
発行所　緑風出版
〒113-0033　東京都文京区本郷2-17-5　ツイン壱岐坂
［電話］03-3812-9420　［FAX］03-3812-7262［郵便振替］00100-9-30776
［E-mail］info@ryokufu.com［URL］http://www.ryokufu.com/

装　幀　斎藤あかね
制　作　R 企 画　　印　刷　中央精版印刷・巣鴨美術印刷
製　本　中央精版印刷　　用　紙　中央精版印刷・大宝紙業　E1200

ISBN978-4-8461-1909-6　C0036

◎緑風出版の本

■全国どの書店でもご購入いただけます。
■店頭にない場合は、なるべく書店を通じてご注文ください。
■表示価格には消費税が加算されます。

放射能汚染の拡散と隠蔽

小川進・有賀訓・桐島瞬著

四六判並製
292頁
1900円

フクシマ第一原発は未だアンダーコントロールになっていない。放射能汚染は現在も拡散中である。週刊プレイボーイ編集部が携帯放射能測定器をもって続けている現地測定と東京の定点観測は汚染の深刻さを証明している。

防犯カメラによる冤罪

小川進著

四六判並製
132頁
1600円

防犯カメラによる刑事事件の証拠が増加。いまや、DNAと並び、二つの決定的な証拠として、被告を次々に有罪としている。画像が読み解く真実をテーマに、特に刑事事件での冤罪を取り上げ、原因と機構を明確にする。

原発に抗う

『プロメテウスの罠』で問うたこと

本田雅和著

四六判上製
232頁
2000円

「津波犠牲者」と呼ばれる死者たちは、今も福島の土の中に埋もれている。原発的なるものが、いかに故郷を奪い、人間を奪っていったか……。五年を経て、何も解決していない現実。フクシマにいた記者が見た現場からの報告。

フクシマの荒廃

フランス人特派員が見た原発棄民たち

アルノー・ヴォレラン著／神尾賢二訳

四六判上製
二一二頁
2200円

フクシマ事故後の処理にあたる作業員たちは、多くを語らない。「リベラシオン」の特派員である著者が、彼ら名も無き人たち、残された棄民たち、事故に関わった原子力村の面々までを取材し、纏めた迫真のルポルタージュ。

プロブレムQ&A
新・なぜ脱原発なのか？
［放射能のごみから非浪費型社会まで］
西尾漠著

A5判変並製
一八八頁
1800円

放射性物質の大量放出は、長期にわたり災害をもたらし、平穏に生きる権利を奪う。二〇〇三年に発売した『なぜ脱原発なのか？』を、福島原発事故を踏まえて、全面増補改訂。原発に賛成の人も反対の人も改めて共に考えよう。

放射能を喰らって生きる
浜岡原発で働くことになって
川上武志著

四六判並製
二五二頁
2000円

職場が浜岡原発と聞いたとき、真っ先に浮かんだのは〝被曝〟の二文字だった。「放射能を喰らって生きている原発労働者なんて、虫けら以下の存在だ！」仲間の一人は、血走った目つきで声を震わせて叫び会社を去っていった。

原発は終わった
筒井哲郎著

四六判上製
二六八頁
2400円

東芝は原発事業からの撤退を決定。これは原発7の世界的な市場からの敗退と発電産業の世代交代を意味する。本書は、プラント技術者の視点から、原発産業を技術的・社会的側面から分析、政策に固執する愚かさを明らかに！

世界が見た福島原発災害 7
ニッポン原子力帝国
大沼安史著

四六判並製
三一二頁
2000円

福島原発事故から8年、海外メディアが伝えるフクイチの、「ニッポン原子力帝国」の驚愕の現実。白血病一〇・八倍、肺癌四・二倍、小児癌四倍という南相馬の病院の深刻なデータ。日本のメディアが絶対に伝えない真実第七弾！

電力改革の争点
原発保護か脱原発か
熊本一規著

四六判上製
二二四頁
1600円

「電力システム改革貫徹」がいかに違法、かつ有害無益な「電力改革妨害」策かを、また、膨大な「放射能で汚染された廃棄物・土壌」の処理をめぐる国政が、国民の健康への脅威で、放射能拡散政策であることを明確にする。